普通高等教育"十二五"规划教材

概率论与数理统计

（经管类）

陈　灿　主编

科学出版社

北　京

内 容 简 介

　　本书是编者在充分考虑了经管类专业对概率论与数理统计课程要求的基础上,结合自身多年的教学经验编写而成的。全书共 8 章,分别是随机事件与概率、随机变量及其分布、多维随机变量及其分布、随机变量的数字特征、数理统计的基础知识、参数估计、假设检验、方差分析与回归分析。其中标星号的章节可根据实际需要选用。

　　本书可作为开设概率论与数理统计课程的综合大学及师范院校经济类、管理类各专业学生的教材,也可作为相关专业学生的参考书。

图书在版编目(CIP)数据

概率论与数理统计:经管类/陈灿主编. —北京:科学出版社,2013
普通高等教育"十二五"规划教材
ISBN 978-7-03-037862-0

Ⅰ.①概⋯　Ⅱ.①陈⋯　Ⅲ.①概率论-高等学校-教材 ②数理统计-高等学校-教材　Ⅳ.①O21

中国版本图书馆 CIP 数据核字(2013)第 130386 号

责任编辑:胡云志　任俊红　唐保军 / 责任校对:邹慧卿
责任印制:阎　磊 / 封面设计:华路天然工作室

科 学 出 版 社 出版
北京东黄城根北街 16 号
邮政编码:100717
http://www.sciencep.com

北京市文林印务有限公司 印刷
科学出版社发行　各地新华书店经销

*

2013 年 6 月第 一 版　　开本:720×1000　B5
2013 年 6 月第一次印刷　　印张:12 1/2
字数:242 000
定价:25.00 元
(如有印装质量问题,我社负责调换)

序　言

当今中国高等教育已从传统的精英教育发展到现代大众教育阶段. 高等学校一方面要尽可能满足民众接受高等教育的需求,另一方面要努力培养适应社会和经济发展的合格人才,这就导致大学的人才培养规模与专业类型发生了革命性的变化,教学内容改革势在必行. 高等数学课程是大学的重要基础课,是大学生科学修养和专业学习的必修课. 编写出具有时代特征的高等数学教材是数学教育工作者的一项光荣使命.

科学出版社普通高等教育"十二五"规划教材出版的指导原则与云南省大部分高校的高等数学课程改革思路不谋而合,因此我们组织了云南省具有代表性的十所高校的数学系骨干教师组成项目专家组,共同策划编写了新的系列教材,并列入科学出版社普通高等教育"十二五"规划教材出版项目. 本系列教材以大众化教育为前提,以各专业的发展对数学内容的需要为准则,分别按理工类、经管类和化生地类编写,第一批出版的有高等数学(理工类)、高等数学(经管类)、高等数学(化生地类)、概率论与数理统计(理工类)、概率论与数理统计(经管类)、线性代数(理工类),以及可供各类专业选用的数学实验教材. 教材的特点是,在不失数学课程逻辑严谨的前提下,加强了针对性和实用性.

参加教材编写的教师都是在教学一线有长期教学经验积累的骨干教师. 本系列教材的第一稿已通过一届学生的试用,在征求使用本系列教材师生意见和建议的基础上作了进一步的修改,并通过项目专家组的审查,最后由科学出版社统一出版. 在此对试用本系列教材的师生、项目专家组及科学出版社表示衷心感谢.

高等教育改革无止境,教学内容改革无禁区,教材编写无终点. 让我们共同努力,继续编写出符合科学发展、顺应时代潮流的高质量教材,为高等数学教育作出应有的贡献.

郭　震

2012 年 8 月 1 日于昆明

前　言

由于概率论与数理统计知识在经济及管理领域有着广泛应用,根据教育部颁布的高等学校经管类专业《概率论与数理统计》教学大纲要求,我们组织编写了这本教材。本书适用于经济类、管理类本科各专业,也可供其他非数学专业的学生作为参考书使用。

本书共 8 章。第 1～4 章主要安排了概率论的基础知识及内容,包含了随机事件与概率、随机变量及其分布、多维随机变量及其分布、随机变量的数字特征;第 5～8 章安排了数理统计的基础知识及内容,包含了数理统计的基础知识、参数估计、假设检验、方差分析与回归分析。书中内容按一学期 56 学时进行设计与安排。

本书在编写过程中注意到了以下几个方面:

(1) 紧扣经管类专业《概率论与数理统计》教学大纲,理论部分以够用为宜,较多地列举了概率论与数理统计在社会、经济活动中的例子,使得本书更贴近现实生活与经济活动。

(2) 考虑到不同层次学生对课程的需求,在保证基本要求的同时,有针对性地在习题中安排了 A、B 两组练习,A 组习题是为巩固教材中涉及的内容而安排的,B 组习题是为学有余力并准备参加研究生考试的学生安排的,涉及内容及难度与相应研究生入学考试中的"高等数学"相联系,学生可通过 B 组习题训练掌握其需要的内容和常见习题类型。

(3) 在涉及微积分及线性代数的相关内容时,本着清晰、易学的原则进行了处理,以利于学生在学习概率论与数理统计知识时不会感到太困难。

(4) 对于知识内容的应用,本书尽量结合经济、管理中的问题,使学生通过学习进一步明确该课程在现实社会、经济、管理活动中是有用和有趣的,最终能结合教材内容解决一些现实问题,达到学以致用的目的。

本书第 1 章由陈灿编写,第 2 章由崔向照编写,第 3 章由李春编写,第 4 章由胡钊编写,第 5、8 章由刘鹏编写,第 6、7 章由康道坤编写。全书由崔向照进行统稿,李春负责校对,陈灿负责总纂。

本书在编写时参考了大量的相关教材和文献资料,并选用了部分内容和习题,在此一并向相关编著者及作者表示感谢!

由于编者水平有限,书中难免有不当之处,敬请读者批评指正。

编　者

2013 年 3 月 30 日

目　　录

第1章 随机事件与概率

人们今天生活在一个既会获得各种成功的可能性,同时又必须承担各种风险的可能性的时代,这种"可能性"的大小就成为人们非常关心的事实,而在数学领域有一个分支来专门研究"可能性"的大小和产生这种可能性的相关规律,这个分支就是概率论与数理统计.概率论与数理统计对研究经济和管理活动中的规律有其重要的意义,本章主要对随机事件及其概率作介绍.

1.1 随机事件及其运算

1.1.1 随机现象

自然界中有两类现象:一类是确定性现象(必然现象),即在一定条件下必然发生的现象;另一类是随机现象,即在一定条件下可能发生也可能不发生的现象,如表1-1所示.

表 1-1

必然现象	条件	随机现象	条件
水在 100℃ 沸腾	标准大气压下	射击一次中 8 环	正常状态
太阳从东方升起	明确东方方位下	掷一枚硬币正面向上	两面均匀
人必然会死亡	自然死亡下	学校门口 1 天通过汽车数	24h
水从高处往低处流	自然状态下	生男孩或生女孩	自然状态
……	……	……	……

随机现象有两个特点:①在一定条件下出现的结果不止一个;②这些结果事先不知道哪一个会出现,但随机现象的各种可能结果会表现出一定的规律性,这种规律性称为**统计规律性**.

1.1.2 随机试验与样本空间

在讨论之前先考查下面的试验:

(1) 向一个靶射击,对射击环数进行观察;

(2) 抛一枚硬币,对出现正面和反面进行观察;

(3) 掷一枚骰子一次,考察出现 6 点的情况;

(4) 考查一批炮弹的质量,记录不爆炸的发数;

（5）观测某一种品牌手机的使用寿命.

从上面 5 个试验可以发现这类试验具有两个特点：

（1）试验在相同条件下可以重复进行；

（2）每次试验的结果不止一个且在试验前不能确定哪个结果会出现.

因此，人们通常把满足可重复性和随机性的试验称为**随机试验**，简称**试验**，记为 E，而把随机试验的每一个可能结果称为**样本点**，记为 ω.

随机试验的所有样本点构成的集合称为**样本空间**，记为 $\Omega = \{\omega\}$，样本空间通常分为两类. 若样本空间中样本点的个数为有限个或可列个，则称为**离散样本空间**；若样本空间中样本点的个数为无限不可列个，则称为**连续样本空间**.

例如，在上述试验中，相对应的样本空间分别为 $\Omega_1 = \{0, 1, 2, \cdots, 10\}$，$\Omega_2 = \{\text{正}, \text{反}\}$，$\Omega_3 = \{1, 2, 3, 4, 5, 6\}$，$\Omega_4 = \{0, 1, 2, 3, \cdots, n\}$，$\Omega_5 = \{t \mid t \geqslant 0\}$，其中 Ω_1、Ω_2、Ω_3、Ω_4 是离散样本空间，Ω_5 为连续样本空间.

1.1.3　随机事件

若某件事在一次试验中可能发生也可能不发生，则称该件事为**随机事件**，也可以理解为 Ω 中的某些样本点组成的集合，它是 Ω 的子集，常用 $A, B, C, \cdots$ 表示.

若某随机事件中的样本点只有一个，则称该事件为**基本事件**；若某随机件事在一次试验中一定发生，则称该件事为**必然事件**，记为 Ω；若某随机件事在一次试验中一定不发生，则称该件事为**不可能事件**，记为 $\varnothing$.

例如，对一靶位进行一次射击，考查命中的环数，则样本空间为 $\Omega = \{0, 1, 2, \cdots, 10\}$，而 $A = \{5, 6, 7, 8, 9\}$ 是一个事件，$B = \{9\}$ 是一个基本事件，Ω 是一个必然事件，$\varnothing$ 是一个不可能事件.

1.1.4　事件的关系及运算

由于事件 A 是样本空间 Ω 的一个子集，因此事件的关系及运算可以用集合论中的关系及运算来处理，也就是用集合论中的符号来描述概率论中事件之间的关系及运算.

1. 包含关系

若属于 A 的样本点必属于 B，则称 **A 包含于 B** 中或称 **B 包含 A**，记为 $A \subset B$ 或 $B \supset A$，用概率论语言描述为：事件 A 发生必然导致事件 B 发生.

例如，掷一颗骰子，$A = \{4\}$，$B = \{2, 4, 6\}$，则有 $A \subset B$，对任意事件 A，一定有 $\varnothing \subset A \subset \Omega$.

2. 相等关系

若事件 A 与 B 相互包含，则称事件 A 与 B **相等**，记为 $A = B$.

例如,掷一颗骰子,$A=\{2,4,6\}$,$B=\{$偶数$\}$,则 $A=B$.

3. 互不相容

若 A 与 B 没有相同的样本点,则称 A 与 B **互不相容**.用概率论语言描述为:事件 A 与 B 不可能同时发生.

例如,掷一颗骰子,$A=\{3,5\}$,$B=\{2,4,6\}$,则 A 与 B 互不相容.

4. 事件的并

由属于 A 或属于 B 的样本点构成的集合,称为事件 A 与 B 的**并**,记为 $A\cup B$.用概率论语言描述为:事件 A 与 B 至少有一个发生.

例如,掷一颗骰子,$A=\{1,3,5\}$,$B=\{1,2,3\}$,则 $A\cup B=\{1,2,3,5\}$.

类似地,n 个事件 $A_1,A_2,\cdots,A_n$ 中至少有一个发生,称为 $A_1,A_2,\cdots,A_n$ 的并,记为 $\bigcup\limits_{i=1}^{n}A_i$;可列个事件 $A_1,A_2,\cdots$ 中至少有一个发生,则称为 $A_1,A_2,\cdots$ 的并,记为 $\bigcup\limits_{i=1}^{+\infty}A_i$.

5. 事件的交

由既属于 A 又属于 B 的样本点构成的集合,称为事件 A 与 B 的**交**,记为 AB.用概率论语言描述为:事件 A 与 B 同时发生.

例如,在掷一颗骰子,$A=\{1,3,5\}$,$B=\{1,2,3\}$,则 $AB=\{1,3\}$.

类似地,n 个事件 $A_1,A_2,\cdots,A_n$ 同时发生,称为 $A_1,A_2,\cdots,A_n$ 的**交**,记为 $\bigcap\limits_{i=1}^{n}A_i$;可列个事件 $A_1,A_2,\cdots$ 同时发生,则称为 $A_1,A_2,\cdots$ 的交,记为 $\bigcap\limits_{i=1}^{+\infty}A_i$.

6. 事件的差

由属于 A 但不属于 B 的样本点构成的集合,称为 A 与 B 的**差**,记为 $A-B$.用概率论语言描述为:事件 A 发生而 B 不发生.

例如,掷一颗骰子,$A=\{1,2,3\}$,$B=\{2,4,6\}$,则 $A-B=\{1,3\}$.

7. 对立事件

事件 A 不发生称为事件 A 的**对立事件**,记为 $\bar{A}$.

例如,掷一颗骰子,$A=\{6\}$,则 $\bar{A}=\{1,2,3,4,5\}$.

两个事件 A 与 B 互为对立事件的充要条件为 $A\cup B=\Omega$,$AB=\varnothing$.

显然有 $A-B=A\bar{B}$.

概率论描述与集合论描述对照表如表 1-2 所示.

表 1-2

符号	概率论描述	集合论描述
$A \subset B$	事件 A 发生必然导致事件 B 发生	集合 A 是 B 的子集
$A = B$	事件 A 与事件 B 相等	集合 A 与集合 B 相等
$A \cup B$	事件 A 与 B 至少有一个发生	集合 A 与 B 的并集
AB	事件 A 与 B 同时发生	集合 A 与 B 的交集
$A - B$	事件 A 发生而 B 不发生	集合 A 与 B 的差集
$AB = \varnothing$	事件 A 与 B 不可能同时发生	集合 A 与 B 没有公共元素
$\overline{A}$	事件 A 的对立事件	集合 A 的补集

8. 事件的运算性质

(1) 交换律:$A \cup B = B \cup A, AB = BA$;

(2) 结合律:$(A \cup B) \cup C = A \cup (B \cup C), (AB)C = A(BC)$;

(3) 分配律:$(A \cup B)C = (AC) \cup (BC), (AB) \cup C = (A \cup C)(B \cup C)$;

(4) (De Morgan 公式):$\overline{A \cup B} = \overline{A}\overline{B}, \overline{AB} = \overline{A} \cup \overline{B}$

上式可推广为

$$\overline{\bigcup_{i=1}^{+\infty} A_i} = \bigcap_{i=1}^{+\infty} \overline{A}_i, \quad \overline{\bigcap_{i=1}^{+\infty} A_i} = \bigcup_{i=1}^{+\infty} \overline{A}_i.$$

例 1.1.1　设 A, B, C 是三个事件,则

(1) A 与 B 发生而 C 不发生可表示为 $AB\overline{C}$;

(2) A 发生而 B 与 C 都不发生可表示为 $A\overline{B}\overline{C}$;

(3) 三个事件恰好有一个发生可表示为 $A\overline{B}\overline{C} \cup \overline{A}B\overline{C} \cup \overline{A}\overline{B}C$;

(4) 三个事件恰好有两个发生可表示为 $AB\overline{C} \cup A\overline{B}C \cup \overline{A}BC$;

(5) 三个事件都发生可表示为 ABC;

(6) 三个事件都不发生可表示为 $\overline{A}\overline{B}\overline{C}$;

(7) 三个事件中至少有一个不发生可表示为 $\overline{A} \cup \overline{B} \cup \overline{C}$ 或 $\overline{ABC}$.

1.2　概率的定义及确定方法

概率简单直观地说就是:概率是随机事件发生的可能性大小. 由于随机事件的发生是具有偶然性的,但发生的可能性是有大小之分的,而这种大小是可以度量的,人们往往是用百分比来进行度量的.

例如,口袋中有 5 只大小相同的球,其中 4 只红球、1 只黑球,从袋中任取 1 球,这 5 只球每只被取到的机会均等,则抽到红球的可能性大小为 $\dfrac{4}{5}$;抽到黑球的

可能性大小是 $\dfrac{1}{5}$.

在概率论的发展史上,概率的定义有统计定义、古典定义、几何定义和公理化定义,下面分别讨论它们.

1.2.1　概率的统计定义

定义 1.2.1　在相同条件下进行 n 次试验,事件 A 发生的次数 n_A 称为 A 发生的**频数**. 比值 $\dfrac{n_A}{n}$ 称为 A 发生的**频率**,记为 $f_n(A)$. 易见频率具有以下性质:

(1) 非负性:$0 \leqslant f_n(A)$;

(2) 规范性:$f_n(\Omega) = 1$;

(3) 有限可加性:若事件 $A_1, A_2, \cdots, A_m$ 两两互不相容,则

$$f_n(\bigcup_{i=1}^{m} A_i) = \sum_{i=1}^{m} f_n(A_i).$$

根据大量的实验表明,随着试验次数 n 的增加,频率 $f_n(A)$ 会逐步稳定到一个数值. 例如,历史上著名的投硬币试验(表 1-3).

表 1-3

实验者	投硬币次数	出现正面次数	频率
De Morgan	2048	1061	0.5181
Buffon	4040	2048	0.5069
Feller	10000	4979	0.4979
Pearson	12000	6019	0.5016
Pearson	24000	12012	0.5005

随着试验次数的增加,正面出现的频率逐步稳定到一个固定的数值 0.5,在其他试验中的事件也有类似的规律,那么人们就把这个稳定值称为该事件发生的概率,也称频率具有稳定性.

在掷硬币试验中,设事件 $A = \{$正面向上$\}$,则事件 A 发生的概率记为 $p(A)$,由频率的稳定性知,随着试验次数的增加,事件 A 发生的频率 $f_n(A)$ 逐步稳定到 $p(A)$,这就是概率的统计定义.

1.2.2　概率的古典定义

若随机试验满足:

(1) 试验结果只有有限个;

(2) 每个结果发生的可能性相等,

则称这种试验为**古典概型**.

定义 1.2.2 在古典概型中,若样本空间包含 n 个样本点,事件 A 包含 k 个样本点,则事件 A 发生的概率为

$$p(A) = \frac{k}{n}.$$

上述确定概率的方法称为**古典方法**. 在用古典方法确定概率时要用到排列组合知识,同时还需一定的技巧.

例 1.2.1 一部书有四卷,随机地排列在一个书架上,求下列事件的概率:

(1) 各卷从左到右或从右到左恰好排列为 1,2,3,4 的次序;

(2) 第 1,2 卷排在一起;

(3) 第 4 卷排在两端;

(4) 第 1 卷排在第 2 卷的左边.

解 四卷书排成一列一共有 4! ＝24 种排法,所以 Ω 中所含的样本点总数为 $n = 24$.

(1) 记 $A_1 = \{$从左到右或从右到左恰好排列为 $1,2,3,4\}$,则 A_1 所含的样本点数为 $k = 2$,于是

$$p(A_1) = \frac{k}{n} = \frac{2}{24} = \frac{1}{12}.$$

(2) 记 $A_2 = \{$第 $1,2$ 卷相互排在一起$\}$,则 A_2 所含的样本点数为 $k = 2 \times 3! = 12$,于是

$$p(A_2) = \frac{k}{n} = \frac{12}{24} = \frac{1}{2}.$$

(3) 记 $A_3 = \{$第 4 卷排在两端$\}$,则 A_3 所含的样本点数为 $k = 2 \times 3! = 12$,于是

$$p(A_3) = \frac{k}{n} = \frac{12}{24} = \frac{1}{2}.$$

(4) 记 $A_4 = \{$第 1 卷排在第 2 卷左边$\}$,则 A_4 所含的样本点数为 $k = (3+2+1) \times 2! = 12$,于是

$$p(A_4) = \frac{k}{n} = \frac{12}{24} = \frac{1}{2}.$$

例 1.2.2 一个盒子中有 10 个球,其中 4 个黑球、6 个红球,求下列事件的概率:

(1) 从盒中任取一球,这个球是黑球;

(2) 从盒子中任取两球,刚好一黑一红;

(3) 从盒子中任取两球都是红球;

（4）从盒子中任取 5 球,恰好有两个黑球.

解　（1）从装有 10 个球的盒子中任取一球,有 $C_{10}^1=10$ 种取法,即 Ω 的样本点总数为 $n=10$,记 $A_1=\{$取到的球是黑球$\}$,则 A_1 所含的样本点数为 $k=4$,于是

$$p(A_1)=\frac{k}{n}=\frac{4}{10}=\frac{2}{5}.$$

（2）从装有 10 个球的盒子中任取两球,有 $C_{10}^2=45$ 种取法,即 Ω 的样本点总数为 $n=45$,记 $A_2=\{$取到的球刚好一黑一红$\}$,则 A_2 所含的样本点数为 $k=C_4^1C_6^1=24$,于是

$$p(A_2)=\frac{k}{n}=\frac{24}{45}=\frac{8}{15}.$$

（3）从装有 10 个球的盒子中任取两球,有 $C_{10}^2=45$ 种取法,即 Ω 的样本点总数为 $n=45$,记 $A_3=\{$取到的球都是红球$\}$,则 A_3 所含的样本点数为 $k=C_6^2=15$,于是

$$p(A_3)=\frac{k}{n}=\frac{15}{45}=\frac{1}{3}.$$

（4）从装有 10 个球的盒子中任取 5 球,有 $C_{10}^5=252$ 种取法,即 Ω 的样本点总数为 $n=252$,记 $A_4=\{$取到的球恰有两个黑球$\}$,则 A_4 所含的样本点数为 $k=C_4^2C_6^3=6\times20=120$,于是

$$p(A_4)=\frac{k}{n}=\frac{120}{252}=\frac{10}{21}.$$

例 1.2.3　现有 5 个人随意住 8 间房子,其中每个人住哪间房是等可能的,求下列事件的概率:

（1）指定的 5 间房各住 1 人;

（2）每间房最多只住 1 人;

（3）某指定的房间不空;

（4）某指定的房间恰好有两人住.

解　5 个人任意住 8 间房子,一共有 8^5 种住法,即 Ω 的样本点总数为 $n=8^5$.

（1）记 $A_1=\{$指定的 5 间房各住 1 人$\}$,则 A_1 所含的样本点数为 $k=5!$,于是

$$p(A_1)=\frac{k}{n}=\frac{5!}{8^5}.$$

（2）记 $A_2=\{$每间房最多只住 1 人$\}$,则 A_2 所含的样本点数为 $k=C_8^5 5!$,于是

$$p(A_2)=\frac{k}{n}=\frac{C_8^5 5!}{8^5}.$$

（3）记 $A_3=\{$某指定的房间不空$\}$,则 $\overline{A_3}$ 所含的样本点数为 $k=7^5$,于是

$$p(\overline{A_3})=\frac{k}{n}=\frac{7^5}{8^5},$$

$$p(A_3)=1-p(\overline{A}_3)=1-\frac{7^5}{8^5}.$$

(4) 记 $A_4=\{$某指定的房间恰有两人住$\}$,则 A_4 所含的样本点数为 $k=C_5^2 7^3$,于是

$$p(A_4)=\frac{k}{n}=\frac{C_5^2 7^3}{8^5}.$$

例 1.2.4(彩票问题)　在一种福利彩票 35 选 7 中,从 $01,02,\cdots,35$ 中不重复地开出 7 个基本号码和一个特殊号码,中奖规则如表 1-4 所示,求各等奖的中奖概率.

表 1-4

中奖等级	中奖规则
一等奖	7 个基本号码全中
二等奖	中 6 个基本号码及特殊号码
三等奖	中 6 个基本号码
四等奖	中 5 个基本号码及特殊号码
五等奖	中 5 个基本号码
六等奖	中 4 个基本号码及特殊号码
七等奖	中 4 个基本号码或中 3 个基本号码及特殊号码

解　Ω 的样本点总数为 $n=C_{35}^7$,记中第 $i(i=1,2,\cdots,7)$ 等奖的概率为 p_i,则各等奖中奖的概率为

$$p_1=\frac{C_7^7 C_1^0 C_{27}^0}{C_{35}^7},\quad p_2=\frac{C_7^6 C_1^1 C_{27}^0}{C_{35}^7},\quad p_3=\frac{C_7^6 C_1^0 C_{27}^1}{C_{35}^7},\quad p_4=\frac{C_7^5 C_1^1 C_{27}^1}{C_{35}^7},$$

$$p_5=\frac{C_7^5 C_1^0 C_{27}^2}{C_{35}^7},\quad p_6=\frac{C_7^4 C_1^1 C_{27}^2}{C_{35}^7},\quad p_7=\frac{C_7^4 C_1^0 C_{27}^3+C_7^3 C_1^1 C_{27}^3}{C_{35}^7}.$$

若记 $A=\{$中奖$\}$,则 $p(A)=\sum_{i=1}^{7}p_i=0.033485$,即一百个人中大约有 3 人中奖,而中一等奖的概率只有 0.149×10^{-6},也就是说两千万个人中大约有 3 人中一等奖,因此对买彩票中一等奖不要期望过高.

1.2.3　概率的几何定义

若随机试验满足:

(1) 试验结果充满某个可度量的区域;

(2) 每个结果发生的可能性相等,

则称这种试验为**几何概型**.

定义 1.2.3　在几何概型中,若样本空间的度量为 S_Ω,事件 A 的度量为 S_A,则事件 A 发生的概率为

$$p(A) = \frac{S_A}{S_\Omega}.$$

上述确定概率的方法称为**几何方法**.用几何方法确定概率的关键是将样本空间 Ω 和所求事件 A 对应到一个可度量的区域上.

例 1.2.5　设公共车站每 5min 开过一趟车,而乘客到达车站的时间是任意的,求每个乘客到车站后等车的时间不超过 3min 的概率?

解　记 $A=\{$每个乘客到达车站后等车不超过 3min$\}$.由于乘客可能在两趟车之间的任一时刻到达,因而其到达时间落在区间 $[0,5]$ 内;要使乘客到车站后等车的时间不超过 3min,其到达时间必须落在区间 $[2,5]$ 内,于是有样本空间的度量 $S_\Omega=5$,事件 A 的度量 $S_A=3$,所以

$$p(A) = \frac{S_A}{S_\Omega} = \frac{3}{5}.$$

例 1.2.6　甲乙二人相约在 2 点到 3 点之间在某地会面,约定先到者等候另一人 20min,过时即可离去.如果每个人可在指定的一小时内的任意时刻到达,试求二人能够会面的概率.

解　设 x,y 分别为甲乙二人到达会面地点的时间,在平面上建立直角坐标系,如图 1-1 所示,则样本空间为

$$\{(x,y)\,|\,0\leqslant x\leqslant 60,0\leqslant y\leqslant 60\}.$$

记 $A=\{$两人能会面$\}$,则有

$$A=\{(x,y)\,|\,(x,y)\in\Omega\ \text{且}\ |x-y|\leqslant 20\},$$

则

$$p(A) = \frac{S_A}{S_\Omega} = \frac{60^2-40^2}{60^2} = \frac{5}{9}.$$

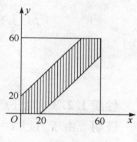

图 1-1

1.2.4　概率的公理化定义

前面讨论的概率的统计定义、古典定义和几何定义都带有一定局限性,为此,人们引进概率的公理化定义,使概率的定义更具有普遍性和严密性.

定义 1.2.4　设 Ω 是随机试验 E 的样本空间,对 E 的每一个事件 A,将其对应于一个实数 $p(A)$,若 $p(A)$ 满足

(1) 非负性:对任意事件 A,有 $p(A)\geqslant 0$;

(2) 规范性:$p(\Omega)=1$;

（3）可列可加性：若 $A_1, A_2, \cdots, A_n, \cdots$ 是两两互不相容的事件，则有

$$p(\bigcup_{i=1}^{+\infty} A_i) = \sum_{i=1}^{+\infty} p(A_i),$$

则称 $p(A)$ 为事件 A 发生的**概率**.

由概率的公理化定义出发，可得到概率的以下性质：

性质 1.2.1　$p(\varnothing) = 0$.

证明　由于 $\Omega = \Omega \cup \varnothing \cup \varnothing \cup \cdots$ 且 Ω 与 $\varnothing$ 互不相容，因而

$$p(\Omega) = p(\Omega) + p(\varnothing) + p(\varnothing) + \cdots,$$

则

$$p(\varnothing) = 0.$$

性质 1.2.2　若 $A_1, A_2, \cdots, A_n$ 是两两互不相容的事件，则有

$$p(\bigcup_{i=1}^{n} A_i) = \sum_{i=1}^{n} p(A_i).$$

证明　由于 $A_1, A_2, \cdots, A_n, \varnothing, \varnothing, \cdots$ 两两互不相容，于是

$$p(\bigcup_{i=1}^{n} A_i) = p(A_1 \cup A_2 \cup \cdots \cup A_n \cup \varnothing \cup \varnothing \cup \cdots)$$
$$= p(A_1) + p(A_2) + \cdots + p(A_n) + p(\varnothing) + p(\varnothing) + \cdots$$
$$= \sum_{i=1}^{n} p(A_i).$$

性质 1.2.3　对任意事件 A，有 $p(\bar{A}) = 1 - p(A)$.

证明　由于 $\bar{A} \cup A = \Omega, \bar{A}A = \varnothing$，因而

$$1 = p(\Omega) = p(\bar{A} \cup A) = p(\bar{A}) + p(A),$$

则

$$p(\bar{A}) = 1 - p(A).$$

性质 1.2.4　对任意两个事件 A、B，有 $p(A-B) = p(A) - p(AB)$.

证明　由于 $A = (A-B) \cup (AB)$ 且 $(A-B)(AB) = \varnothing$，因而

$$p(A) = p((A-B) \cup (AB)) = p(A-B) + p(AB),$$

则

$$p(A-B) = p(A) - p(AB).$$

特别地，若 $B \subset A$，则有 $p(A-B) = p(A) - p(B)$ 且 $p(A) \geqslant p(B)$.

性质 1.2.5　对任意事件 A，有 $0 \leqslant p(A) \leqslant 1$.

性质 1.2.6　对任意两个事件 A, B，有 $p(A \cup B) = p(A) + p(B) - p(AB)$.

证明　由于 $A \cup B = A \cup (B-A)$ 且 $A(B-A) = \varnothing$，因而

$$p(A \cup B) = p(A \cup (B-A)) = p(A) + p(B-A) = p(A) + p(B) - p(AB).$$

一般地，对任意 n 个事件 $A_1, A_2, \cdots, A_n$，有

$$p(\bigcup_{i=1}^{n} A_i) = \sum_{i=1}^{n} p(A_i) - \sum_{1 \leqslant i < j \leqslant n} p(A_i A_j) + \sum_{1 \leqslant i < j < k \leqslant n} p(A_i A_j A_k)$$
$$+ \cdots + (-1)^{n-1} p(A_1 A_2 \cdots A_n).$$

例 1.2.7 已知 $p(B) = 0.3, p(A \bigcup B) = 0.6$，求 $p(A\overline{B})$.

解 由于 $p(B) = 0.3$ 和 $p(A \bigcup B) = p(A) + p(B) - p(AB) = 0.6$，因而

$$p(A) - p(AB) = 0.3.$$

则

$$p(A\overline{B}) = p(A - B) = p(A) - p(AB) = 0.3.$$

例 1.2.8 某小区居民订日报的占 45%，订晚报的占 35%，订电视报的占 30%，同时订日报和晚报的占 10%，同时订日报和电视报的占 8%，同时订晚报和电视报的占 5%，同时订三种报的占 3%，求下列事件的概率:

(1) 只订日报;

(2) 至少订一种报.

解 用 A、B、C 分别表示订日报、订晚报、订电视报，由题意已知

$$p(A) = 0.45, \quad p(B) = 0.35, \quad p(C) = 0.3,$$
$$p(AB) = 0.1, \quad p(AC) = 0.08, \quad p(BC) = 0.05,$$
$$p(ABC) = 0.03.$$

(1) 只订日报的概率为

$$p(A\overline{B}\overline{C}) = p(A\overline{B \bigcup C}) = p(A - (B \bigcup C)) = p(A) - p(A(B \bigcup C))$$
$$= p(A) - p((AB) \bigcup (AC)) = p(A) - p(AB) - p(AC) + p(ABC)$$
$$= 0.45 - 0.1 - 0.08 + 0.03 = 0.3.$$

(2) 至少订一种报的概率为

$$p(A \bigcup B \bigcup C) = p(A) + p(B) + p(C) - p(AB) - p(AC) - p(BC) + p(ABC)$$
$$= 0.45 + 0.35 + 0.3 - 0.1 - 0.08 - 0.05 + 0.03 = 0.9.$$

1.3 条 件 概 率

1.3.1 条件概率

在实际问题中，常常要考虑在事件 A 已发生的条件下，事件 B 发生的概率，称为在事件 A 发生的条件下事件 B 发生的条件概率，简称条件概率，记为 $p(B|A)$.

例 1.3.1 考察有两个小孩的家庭，其样本空间 $\Omega = \{(男男), (男女), (女男), (女女)\}$，在 Ω 中 4 个样本点等可能的情况下，记 $A = \{$第一个是女孩$\}$，$B = \{$第二个是男孩$\}$，讨论下列事件的概率:

(1) $p(A)$; (2) $p(AB)$; (3) $p(B|A)$.

解 (1) $p(A) = \dfrac{2}{4}$.

(2) $p(AB) = \dfrac{1}{4}$.

(3) $p(B|A) = \dfrac{1}{2}$.

在此例中显然有 $p(B|A) = \dfrac{p(AB)}{p(A)}$ 成立.

此关系具有一般性,于是可得到条件概率的定义.

定义 1.3.1　设 A, B 是 Ω 中的两个事件,若 $p(A) > 0$,则称

$$p(B|A) = \frac{p(AB)}{p(A)}$$

为在事件 A 发生的条件下事件 B 发生的条件概率,简称**条件概率**.

不难验证条件概率 $p(B|A)$ 符合概率的三个条件,即

(1) 非负性:对任意事件 B,有 $p(B|A) \geqslant 0$;

(2) 规范性:$p(\Omega|A) = 1$;

(3) 可列可加性:若 $B_1, B_2, \cdots, B_n, \cdots$ 是两两互不相容的事件,则有

$$p\left(\left(\bigcup_{i=1}^{+\infty} B_i\right) \mid A\right) = \sum_{i=1}^{+\infty} p(B_i \mid A).$$

例 1.3.2　一盒子装有 5 件产品,其中一等品 3 件、二等品 2 件,从中任取两次,每次取一件(不放回),设 $A = \{$第一次取到一等品$\}$,$B = \{$第二次取到一等品$\}$,求 $p(B|A)$.

解法 1　样本空间的样本点总数为 $P_5^2 = 20$,事件 A 包含的样本点数为 $3 \times 4 = 12$ 种取法,AB 包含的样本点数为 $P_3^2 = 6$ 种取法,于是

$$p(A) = \frac{12}{20}, \quad p(AB) = \frac{6}{20},$$

则

$$p(B|A) = \frac{p(AB)}{p(A)} = \frac{6/20}{12/20} = \frac{1}{2}.$$

解法 2　直接在缩小的样本空间上考虑

$$p(B|A) = \frac{p(AB)}{p(A)} = \frac{2}{4} = \frac{1}{2}.$$

1.3.2　乘法公式

由条件概率的定义可直接得到下述定理.

定理 1.3.1　对于任意事件 A, B,若 $p(A) > 0$,则有 $p(AB) = p(A)p(B|A)$;若 $p(B) > 0$,则有 $p(AB) = p(B)p(A|B)$.

一般地,对于任意 n 个事件 $A_1, A_2, \cdots, A_n$,有:若 $p(A_1 A_2 \cdots A_n) > 0$,则有

$$p(A_1 A_2 \cdots A_n) = p(A_1) p(A_2 \mid A_1) p(A_3 \mid (A_1 A_2)) \cdots p(A_n \mid (A_1 A_2 \cdots A_{n-1})).$$

例 1.3.3 一批零件有 100 个,其中有 10 个不合格品,从中一个一个取出,求第三次才取得不合格品的概率.

解 记 $A_i = \{$第 i 次取出的是不合格品$\}$ $(i=1,2,3)$,则所求的概率为

$$p(\overline{A_1}\,\overline{A_2} A_3) = p(\overline{A_1}) p(\overline{A_2} \mid \overline{A_1}) p(A_3 \mid (\overline{A_1}\,\overline{A_2}))$$

$$= \frac{90}{100} \times \frac{89}{99} \times \frac{10}{98} = 0.826.$$

例 1.3.4 设袋中有 b 个黑球、r 个红球,每次从袋中任取一球,取出后将原球放回,再加进 c 个同色球和 d 个异色球. 记 $B_i = \{$第 i 次取出的是黑球$\}$,$R_j = \{$第 j 次取出的是红球$\}$ $(i=1,2,\cdots,b; j=1,2,\cdots,r)$,现从袋中连续取三次,求第一次取到黑球,第二、三次取到红球的概率.

解 第一次取到黑球,第二、三次取到红球的概率为

$$p(B_1 R_2 R_3) = p(B_1) p(R_2 \mid B_1) p(R_3 \mid (B_1 R_2))$$

$$= \frac{b}{b+r} \times \frac{r+d}{b+r+c+d} \times \frac{r+d+c}{b+r+2c+2d}.$$

1.3.3 全概率公式

在计算复杂事件的概率时,一种常用的方法是:先将复杂事件分解为若干个简单事件,计算出每个简单事件的概率,再利用概率的性质计算出复杂事件的概率.

定义 1.3.2 若事件 $A_1, A_2, \cdots, A_n$ 满足:

(1) $A_i A_j = \varnothing$ $(i,j=1,2,\cdots,n$ 且 $i \neq j)$;

(2) $\bigcup\limits_{i=1}^{n} A_i = \Omega$,

则称 $A_1, A_2, \cdots, A_n$ 为 Ω 的一个**完备事件组**.

定理 1.3.2(全概率公式) 若 $A_1, A_2, \cdots, A_n$ 为 Ω 的一个完备事件组,则对任意的事件 B,有

$$p(B) = \sum_{i=1}^{n} p(A_i) p(B \mid A_i).$$

证明 由于 $\bigcup\limits_{i=1}^{n} A_i = \Omega$ 且 $BA_1, BA_2, \cdots, BA_n$ 互不相容,因而

$$p(B) = p\left(B\left(\bigcup_{i=1}^{n} A_i\right)\right) = p((BA_1) \bigcup (BA_2) \bigcup \cdots \bigcup (BA_n))$$

$$= p(BA_1) + p(BA_2) + \cdots + p(BA_n)$$

$$= p(A_1) p(B \mid A_1) + p(A_2) p(B \mid A_2) + \cdots + p(A_n) p(B \mid A_n)$$

$$= \sum_{i=1}^{n} p(A_i) p(B \mid A_i).$$

例 1.3.5 某工厂有甲、乙、丙三个车间生产同一批产品,三个车间的产量分

别占总产量的 40%,30%,30%,其产品的合格品率分别为 0.96,0.95,0.90,求从这批产品中任取一件是不合格品的概率.

解　用 A_1,A_2,A_3 分别表示产品由甲,乙,丙三个车间生产,B 表示取到的产品是不合格品,则 A_1,A_2,A_3 构成完备事件组,从而

$$p(B)=p(A_1)p(B|A_1)+p(A_2)p(B|A_2)+p(A_3)p(B|A_3)$$
$$=0.4\times0.04+0.3\times0.05+0.3\times0.1=0.061.$$

例 1.3.6　某批货分为三种,三种货的数目之比为 $2:3:1$,而每种货分为黑白两种颜色,三种货中的黑白数目之比分别为 $4:1,1:2,3:2$,现随机选一种货,从中选一件货,求取到的这件货为白色的概率.

解　用 $A_i(i=1,2,3)$ 表示取到第 i 种货,B 表示取到的这件货为白色,则 A_1,A_2,A_3 构成完备事件组,从而

$$p(B)=p(A_1)p(B|A_1)+p(A_2)p(B|A_2)+p(A_3)p(B|A_3)$$
$$=\frac{2}{6}\times\frac{1}{5}+\frac{3}{6}\times\frac{2}{3}+\frac{1}{6}\times\frac{2}{5}=\frac{7}{15}.$$

1.3.4　贝叶斯公式

全概率公式解决的问题是借助于一个完备事件组 $A_1,A_2,\cdots,A_n$ 来计算某事件 B 发生的概率,而下面的公式则刚好相反,是在已知某个事件 B 发生的条件下,求完备事件组中某个事件 A_i 发生的条件概率.

定理 1.3.3(贝叶斯公式)　设 $A_1,A_2,\cdots,A_n$ 为一完备事件组,对任意事件 B,若 $p(B)>0$,则有

$$p(A_i\mid B)=\frac{p(A_i)p(B\mid A_i)}{\sum_{j=1}^{n}p(A_j)p(B\mid A_j)}.$$

若把 A_i 看成是事件 B 发生的各个原因(或条件),则该公式描述的是:已知出现了事件 B,要求出事件 B 产生的各个原因(或条件)A_i 的概率.

例 1.3.7　在例 1.3.5 中,若已知抽到的一件产品是不合格品,问这件不合格品是由哪个车间生产的可能性大?

解　在例 1.3.5 的记号下,有

$$p(A_1\mid B)=\frac{p(A_1)p(B\mid A_1)}{\sum_{j=1}^{3}p(A_j)p(B\mid A_j)}=\frac{0.4\times0.04}{0.4\times0.04+0.3\times0.05+0.3\times0.1}$$
$$=0.2623,$$
$$p(A_2\mid B)=\frac{p(A_2)p(B\mid A_2)}{\sum_{j=1}^{3}p(A_j)p(B\mid A_j)}=\frac{0.3\times0.05}{0.4\times0.04+0.3\times0.05+0.3\times0.1}$$

$$=0.2459,$$

$$p(A_3 \mid B) = \frac{p(A_3)p(B \mid A_3)}{\sum\limits_{j=1}^{3} p(A_j)p(B \mid A_j)} = \frac{0.3 \times 0.1}{0.4 \times 0.04 + 0.3 \times 0.05 + 0.3 \times 0.1}$$

$$=0.4918.$$

由于 $p(A_3 \mid B)$ 最大,故认为这件不合格品是由第三车间生产的可能性大.

例 1.3.8　甲胎蛋白免疫检测法被普遍应用于肝癌的普查和诊断. 记 $A=\{$肝癌患者$\}$, $B=\{$检测反应为阳性$\}$,已知 $p(B \mid A)=0.94$, $p(B \mid \overline{A})=0.04$,由统计数据知,人群中肝癌的发病率一般为 $p(A)=0.0004$,现有一人检测结果为阳性,问该人患肝癌的概率是多大?

解　该人患肝癌的概率为

$$p(A \mid B) = \frac{p(A)p(B \mid A)}{p(A)p(B \mid A) + p(\overline{A})p(B \mid \overline{A})}$$

$$= \frac{0.0004 \times 0.94}{0.0004 \times 0.94 + 0.9996 \times 0.04} = 0.0093,$$

即该人患肝癌的概率只有 0.93%,连 1% 都不到.

$p(A \mid B)$ 不大的原因是人群中肝癌的发病率非常低,仅有 0.0004,因而在对稀有病例的普查中,一次检测为阳性者,其实际患此病的概率并不大.

1.4　事件的独立性

1.4.1　事件的独立性

一般情况下 $p(B \mid A) \neq p(B)$,这表明事件 A 的发生对事件 B 发生的概率产生了影响. 但在许多实际问题中,常常会遇到两个事件的发生互相不影响,即 $p(B \mid A)=p(B)$,此时,由乘法公式可得

$$p(AB) = p(A)p(B \mid A) = p(A)p(B),$$

因而可用上式作为两个事件相互独立的定义.

定义 1.4.1　若随机事件 A, B 满足

$$p(AB) = p(A)p(B),$$

则称**事件 A 与 B 相互独立**,简称**事件 A 与 B 独立**.

定理 1.4.1　若随机事件 A 与 B 相互独立,则随机事件 A 与 $\overline{B}$, $\overline{A}$ 与 B, $\overline{A}$ 与 $\overline{B}$ 也相互独立.

证明　由于事件 A 与 B 相互独立,则

$$p(AB) = p(A)p(B),$$

则

$$p(A\bar{B})=p(A-B)=p(A)-p(AB)$$
$$=p(A)-p(A)p(B)=p(A)[1-p(B)]=p(A)p(\bar{B}),$$

所以,事件 A 与 $\bar{B}$ 相互独立;同理可证 $\bar{A}$ 与 B, $\bar{A}$ 与 $\bar{B}$ 也相互独立.

下面将独立性的概念推到三个及三个以上事件的情形.

定义 1.4.2　设 A,B,C 为三个随机事件,若同时满足

$$p(AB)=p(A)p(B),$$
$$p(AC)=p(A)p(C),$$
$$p(BC)=p(B)p(C),$$
$$p(ABC)=p(A)p(B)p(C),$$

则称随机事件 A,B,C **相互独立**,若只有前三个等式成立,则称 A,B,C **两两独立**.

进一步可给出 n 个事件的独立性的概念.

定义 1.4.3　设 $A_1,A_2,\cdots,A_n$ 为 n 个随机事件,若对任意的 $1\leqslant i<j<k<\cdots\leqslant n$,均有

$$\begin{cases} p(A_iA_j)=p(A_i)p(A_j) \\ p(A_iA_jA_k)=p(A_i)p(A_j)p(A_k) \\ \cdots\cdots \\ p(A_1A_2\cdots A_n)=p(A_1)p(A_2)\cdots p(A_n) \end{cases}$$

则称事件 $A_1,A_2,\cdots,A_n$ 相互独立,此时要判断 2^n-n-1 个等式同时成立.

例 1.4.1　甲、乙两人轮流投篮,若他们的命中率分别为 0.4 和 0.5,甲先投,问谁先投中的概率大?

解　用 A_i 表示第 i 次投中,A 表示甲先投中,B 表示乙先投中,则

$$A=A_1\bigcup(\bar{A}_1\bar{A}_2A_3)\bigcup(\bar{A}_1\bar{A}_2\bar{A}_3\bar{A}_4A_5)\bigcup\cdots.$$

由于各次投篮是相互独立的,于是

$$p(A)=p(A_1\bigcup(\bar{A}_1\bar{A}_2A_3)\bigcup(\bar{A}_1\bar{A}_2\bar{A}_3\bar{A}_4A_5)\bigcup\cdots)$$
$$=p(A_1)+p(\bar{A}_1\bar{A}_2A_3)+p(\bar{A}_1\bar{A}_2\bar{A}_3\bar{A}_4A_5)+\cdots$$
$$=p(A_1)+p(\bar{A}_1)p(\bar{A}_2)p(A_3)+p(\bar{A}_1)p(\bar{A}_2)p(\bar{A}_3)p(\bar{A}_4)p(A_5)+\cdots$$
$$=0.4+0.6\times0.5\times0.4+0.6^2\times0.5^2\times0.4+\cdots$$
$$=\frac{0.4}{1-0.6\times0.5}=\frac{4}{7};$$

$$p(B)=1-p(A)=\frac{3}{7}.$$

从而甲先投中的概率大.

1.4.2　伯努利概型

定义 1.4.4　若随机试验 E 只有两种可能结果:A、$\bar{A}$,则称 E 为**伯努利试验**;

将伯努利试验在相同条件下独立地重复进行 n 次,则称这一串重复的独立试验为 n 重伯努利试验.

定理 1.4.2(伯努利定理)　设在一次试验中,事件 A 发生的概率为 $p(0<p<1)$,则在 n 重伯努利试验中,事件 A 恰好发生 k 次的概率为

$$p_n(k)=C_n^k p^k q^{n-k},$$

其中,$q=1-p$;$k=0,1,2,\cdots,n$.

证明　记 $A_i=\{$第 i 次试验中事件 A 发生$\}$,$B=\{$在 n 次试验中 A 恰好发生 k 次$\}$,则 B 是下列 C_n^k 个两两互不相容事件的并

$$A_{i_1}A_{i_2}\cdots A_{i_k}\overline{A}_{i_{k+1}}\cdots\overline{A}_{i_n},$$

即 $B=\bigcup(A_{i_1}A_{i_2}\cdots A_{i_k}\overline{A}_{i_{k+1}}\cdots\overline{A}_{i_n})$.

由试验的独立性知

$$p(B)=p(\bigcup(A_{i_1}A_{i_2}\cdots A_{i_k}\overline{A}_{i_{k+1}}\cdots\overline{A}_{i_n}))=\sum p(A_{i_1}A_{i_2}\cdots A_{i_k}\overline{A}_{i_{k+1}}\cdots\overline{A}_{i_n})$$

$$=\sum p(A_{i_1})p(A_{i_2})\cdots p(A_{i_k})p(\overline{A}_{i_{k+1}})\cdots p(\overline{A}_{i_n})$$

$$=\sum p^k q^{n-k}=C_n^k p^k q^{n-k}.$$

例 1.4.2　某射手射击的命中率为 0.8,现独立向某目标射击 5 次,求至少命中 3 次的概率.

解　设 $A_i=\{$命中目标 i 次$\}$,$B=\{$至少命中 3 次$\}$,则有

$$p(B)=p(A_3\bigcup A_4\bigcup A_5)=p(A_3)+p(A_4)+p(A_5)$$

$$=C_5^3\times0.8^3\times0.2^{5-3}+C_5^4\times0.8^4\times0.2^{5-4}+C_5^5\times0.8^5\times0.2^{5-5}$$

$$=0.94208.$$

例 1.4.3　设一高炮群向一架飞机同时各发射一发炮弹,已知每门炮击中飞机的概率均为 0.6,求该炮群至少要配置多少门高炮才能以不小于 0.99 的概率击中飞机.

解　设需配置的高炮数为 n 门,记 $A_i=\{$有 i 门炮击中飞机$\}$,$B=\{$飞机被击中$\}$,则有

$$p(B)=1-p(A_0)=1-C_n^0 p^0 q^n=1-C_n^0\times0.6^0\times0.4^n.$$

为使炮群击中飞机的概率不小于 0.99,则必有

$$1-C_n^0\times0.6^0\times0.4^n\geqslant0.99,$$

解得 $n\geqslant5.03$,取 $n=6$,即需配置 6 门炮才能保证以 0.99% 的概率击中飞机.

例 1.4.4　某彩票每周开奖一次,每次提供十万分之一的中奖机会,且各周开奖是互相独立的,若你每周买一张彩票,求你在十年(每年 52 周)内从未中奖的可能性是多少?

解　由于每次中奖的可能性是 10^{-5},因而每次没有中奖的可能性是 $1-10^{-5}$;另外,在十年中你共买彩票 520 次,每次开奖都是独立的,这相当于进行了 520 次

独立重复试验. 所以, 你在十年内从未中奖的可能性为

$$p = C_{520}^0 \times (10^{-5})^0 \times (1 - 10^{-5})^{520} = 0.9948,$$

这表明十年中你从未中奖是很正常的事.

习 题 一

A 组

1. 写出下列随机试验的样本空间:

(1) 抛掷两颗骰子,观察两次点数之和;

(2) 连续抛掷一枚硬币,直至出现正面为止;

(3) 观察某路口一天通过的机动车车辆数;

(4) 观察某城市一天的用电量.

2. 设 A, B, C 为三个事件,试表示下列事件:

(1) A, B, C 都发生或都不发生;

(2) A, B, C 中至少有一个发生;

(3) A, B, C 中不多于两个发生.

3. 在一次射击中,记事件 A 为"命中 2 至 4 环"、B 为"命中 3 至 5 环"、C 为"命中 5 至 7 环",写出下列事件:(1) $\overline{AB}$;(2) $\overline{A} \cup B$;(3) $\overline{A(B \cup C)}$;(4) $A\overline{BC}$.

4. 任取两正整数,求它们的和为偶数的概率.

5. 从一副 52 张的扑克中任取 4 张,求下列事件的概率:

(1) 全是黑桃;(2) 同花;(3) 没有两张同一花色;(4) 同色.

6. 把 12 枚硬币任意投入三个盒中,求第一只盒子中没有硬币的概率.

7. 甲袋中有 5 个白球和 3 个黑球,乙袋中有 4 个白球和 6 个黑球,从两个袋中各任取一球,求取到的两个球同色的概率.

8. 把 10 本书任意放在书架上,求其中指定的三本书放在一起的概率.

9. 5 个人在第一层进入十一层楼的电梯,假若每个人以相同的概率走出任一层(从第二层开始),求 5 个人在不同楼层走出的概率.

10. n 个人随机地围一圆桌而坐,求甲乙两人相邻而坐的概率.

11. 甲乙两艘轮船驶向一个不能同时停泊两艘轮船的码头,它们在一昼夜内到达的时间是等可能的,若甲船的停泊时间为 1h,乙船的停泊时间为 2h,求它们中任何一艘都不需要等候码头空出的概率.

12. 在区间 $(0,1)$ 中随机地取两个数,求事件"两数之和小于 6/5"的概率.

13. 设 $a > 0$,有任意两数 x, y,且 $0 < x, y < a$. 试求 $xy < \dfrac{a^2}{4}$ 的概率.

14. 从 $0, 1, 2, \cdots, 9$ 这十个数字中任选三个不同的数字,试求下列事件的概率:

(1) A_1 为"三个数字中不含 0 和 5";

(2) A_2 为"三个数字中不含 0 或 5";

(3) A_3 为"三个数字中含 0 但不含 5".

15. 某工厂的一个车间有男工 7 人、女工 4 人,现要选出 3 个代表,求选出的 3 个代表中至少有 1 个女工的概率.

16. 从数字 $1,2,\cdots,9$ 中重复地取 n 次,求 n 次所取数字的乘积能被 10 整除的概率.

17. 已知事件 A,B 满足 $p(AB)=p(\overline{AB})$,记 $p(A)=p$,求 $p(B)$.

18. 已知 $p(A)=0.7,p(A-B)=0.3$,求 $p(\overline{AB})$.

19. 设 $p(A)=p(B)=\dfrac{1}{2}$,试证:$p(AB)=p(\overline{A}\,\overline{B})$.

20. 某班级在一次考试中数学不及格的学生占 15%,英语不及格的学生占 5%,这两门课都不及格的学生占 3%.

(1) 已知一个学生数学不及格,他英语也不及格的概率是多少?

(2) 已知一个学生英语不及格,他数学也不及格的概率是多少?

21. 掷两颗骰子,以 A 记事件"两颗点数之和为 10",以 B 记事件"第一颗点数小于第二颗点数",求 $p(A|B)$ 和 $p(B|A)$.

22. 设 10 件产品中有 4 件不合格品,从中任取二件,已知其中一件是不合格品,求另一件也是不合格的概率.

23. 已知 $p(\overline{A})=0.3,p(B)=0.4,p(A\overline{B})=0.5$,求 $p(B|A\cup\overline{B})$.

24. 两台车床加工固焊零件,第一台出次品的概率是 0.03,第二台出次品的概率为 0.06,加工出来的零件放在一起且已知第一台加工的零件比第二台加工的零件多一倍.

(1) 求任取一个零件是合格品的概率;

(2) 如果取出的零件是不合格品,求它是由第二台车床加工的概率.

25. 已知男人中有 5% 是色盲患者,女人中有 0.25% 是色盲患者,现从男女人数相等的人群中随机挑选一人,发现恰好是色盲患者,问此人是男人的概率是多少?

26. 证明:$p(B|A)\geqslant 1-\dfrac{p(\overline{B})}{p(A)}$,其中 $p(A)>0$.

27. 设 A,B 为任意两个事件,且 $A\subset B,p(B)>0$,证明:$p(A)\leqslant p(A|B)$.

28. 甲乙两人独立地对同一目标射击一次,其命中率分别为 0.6 和 0.7,已知目标被击中,求它是甲击中的概率.

29. 设电路由 A,B,C 三个元件组成,若元件 A,B,C 发生故障的概率分别是 0.3,0.2,0.2,各元件独立工作,求下列三种情况下电路发生故障的概率:

(1) A,B,C 三个元件串联;

(2) A,B,C 三个元件并联;

(3) B 与 C 并联后再与 A 串联.

30. 若 $p(A)=0.4,p(A\bigcup B)=0.7$,在下列情况下求 $p(B)$:

(1) A,B 不相容;

(2) A,B 独立;

(3) $A\subset B$.

B 组

1. 一个书架上有 6 本数学书和 4 本物理书,求指定的 3 本数学书放在一起的概率.

2. 设有 n 个人,每个人都等可能地被分配到 N 个房间中的任一间去住($n\leqslant N$),求下列事件的概率:

(1) 指定的 n 间房间里各有一个住;

(2) 恰有 n 间房各住一人.

3. 公安人员在某地发现一具尸体,经分析认为凶手还在该地的概率为 0.4,乘车外逃的概率为 0.5,自首的概率为 0.1,现派人追捕,在该地抓到凶手的概率为 0.9,若外逃则抓到凶手的概率为 0.5,问此次凶手在该地或外逃被抓到的概率是多少?

4. 有两箱零件,第一箱装 50 件,其中 10 件是一等品;第二箱装 30 件,其中 18 件是一等品,现从两箱中任取一箱,然后从该箱中先后取出两个零件,试求在第一次取到一等品的条件下,第二次取出的零件仍是一等品的概率.

5. 掷均匀硬币 $n+m$ 次,已知至少出现一次正面,求第一次正面出现在第 n 次实验的概率.

6. 甲、乙、丙三人进行比赛,规定每局两个人比赛,胜者再与第三人比,依次循环,直至有一人连胜二局为止,此人即为冠军,假设每次比赛双方取胜的概率均为 0.5,若甲、乙两人先比,求甲得冠军的概率.

7. 乒乓球单打比赛采用五局三胜制,甲、乙两名运动员在每局比赛中获胜的概率各为 0.6 和 0.4,当比赛进行完二局时,甲以 2∶0 领先,求在以后的比赛中甲获胜的概率.

8. 保险公司把被保险人分为"谨慎"、"一般"、"冒失"三类,统计资料表明上述三种人在一年中发生事故的概率分别是 0.05,0.15,0.3;如果"谨慎"的被保险人占 20%,"一般"的被保险人占 50%,"冒失"的被保险人占 30%,现知某保险人在一年内发生了事故,则他属于"谨慎"客户的概率是多少?

第 2 章　随机变量及其分布

本章将在随机事件及其概率的基础上引入随机变量的概念,介绍两类随机变量及一些常用的分布.

2.1　随机变量及其分布函数

2.1.1　随机变量

在讨论随机事件及其概率时,用样本空间的子集来表示随机事件,这种表示方法限制了对随机试验统计规律的全面讨论及数学工具的运用,为了克服这种局限性,需在随机试验的结果与数值之间建立起一种对应关系.

有一些随机试验的结果本身就用数值表示,如在抛掷一颗均匀骰子的试验中,试验的结果可用 $1,2,\cdots,6$ 来表示;在观察某商场一天内来的顾客数的试验中,试验的结果可用 $0,1,2,\cdots$ 来表示.

另一些随机试验的结果虽然与数值无关,如在抛掷一枚均匀硬币的试验中,试验的结果用"出现正面"、"出现反面"来表示;在对一个产品的检验中,试验的结果用"合格品"、"不合格品"来表示. 但若规定"出现正面"对应数值 1,"出现反面"对应数值 0,"合格品"对应数值 1,"不合格品"对应数值 0 等,则这些试验的每一个可能结果都有唯一的实数与之对应.

这表明,随机试验的结果均可用一个实数表示,不同的试验结果对应不同的实数. 于是引入一个变量来表示随机试验的结果,它的取值随试验结果的不同而变化.

定义 2.1.1　定义在样本空间 Ω 上的单值实函数称为**随机变量**,常用大写字母 X,Y,Z 等表示;随机变量的取值用小写字母 x,y,z 等表示.

随机变量与一般变量的本质区别在于:随机变量的取值是随机的,试验之前只知道它可能取值的范围,但不能预先确定它将取哪一个值;试验的每一个结果都以一定的概率出现,因而随机变量也都以一定的概率取各个值.

例 2.1.1　将一枚均匀硬币抛掷两次,观察正面 H、反面 T 出现的情况,其样本空间为

$$\Omega=\{HH,HT,TH,TT\}$$

可定义随机变量 X 如下:

ω	HH	HT	TH	TT
X	2	1	1	0

则$\{X=1\}$表示由样本点 HT、TH 构成的子集$\{HT、TH\}$.

例 2.1.2 在观察某一物品的使用寿命的试验中,其样本空间为$[0,+\infty)$,可定义随机变量 X 为该物品的使用寿命(单位:h),则$\{X\leqslant 5\}$表示由使用寿命在 5h 以内的样本点构成的子集.

引入随机变量 X 后,若 B 是某些实数组成的集合,则$\{X\in B\}$表示如下随机事件:

$$\{\omega|X\in B\}\subset\Omega,$$

这表明可将讨论随机事件的概率的问题转化为讨论随机变量取各种值的概率的问题.

2.1.2 随机变量的分布函数

由于$\{a<X\leqslant b\}=\{X\leqslant b\}-\{X\leqslant a\}$,$\{X>b\}=\Omega-\{X\leqslant b\}$,因而,为了掌握 X 取各种值的概率,只需知道对任意的实数 x,事件$\{X\leqslant x\}$的概率就够了.为此,定义随机变量的分布函数如下:

定义 2.1.2 设 X 是一个随机变量,对任意实数 x,称

$$F(x)=p(X\leqslant x),$$

为随机变量 X 的**分布函数**.

由分布函数的定义,容易得出分布函数的三条基本性质.

定理 2.1.1 任一个分布函数 $F(x)$ 都有如下三条基本性质:

(1) 单调性:$F(x)$是定义在整个实数轴$(-\infty,+\infty)$上的单调不减函数,即对任意的 $x_1<x_2$,有 $F(x_1)\leqslant F(x_2)$;

(2) 有界性:对任意实数 x,有 $0\leqslant F(x)\leqslant 1$,且

$$F(-\infty)=\lim_{x\to-\infty}F(x)=0,$$
$$F(+\infty)=\lim_{x\to+\infty}F(x)=1;$$

(3) 右连续性:$F(x)$是 x 的右连续函数,即任意实数 x,有

$$F(x+0)=F(x).$$

凡具有上述三条性质的实函数一定是某个随机变量 X 的分布函数.

有了随机变量的分布函数,X 取各种值的概率都能方便地计算了,如对任意的实数 a,b,有

$$p(a<X\leqslant b)=F(b)-F(a),$$
$$p(X=a)=F(a)-F(a-0),$$
$$p(X\geqslant b)=1-F(b-0).$$

2.2　离散型随机变量

虽然分布函数全面描述了随机变量的统计规律,但由于它不够直观,用起来往往不是很方便,需寻求一种比分布函数更直观的描述方式.

2.2.1　离散型随机变量及其分布

定义 2.2.1　若随机变量 X 的可能取值只有有限个或可列个,则称 X 为**离散型随机变量**.

对于离散型随机变量,不仅要知道它可能取哪些值,还要知道它以多大的概率来取这些值.

定义 2.2.2　设离散型随机变量 X 的所有可能取值为 $x_1, x_2, \cdots$,则称 X 取 x_i 的概率

$$p_i = p(X = x_i) \quad (i = 1, 2, \cdots)$$

为 X 的**概率分布**或**分布列**.

分布列也可用表格形式表示成

X	x_1	x_2	$\cdots$	x_i	$\cdots$
p	p_1	p_2	$\cdots$	p_i	$\cdots$

显然,分布列具有如下基本性质:

(1) 非负性: $p_i \geqslant 0 (i = 1, 2, \cdots)$;

(2) 正则性: $\displaystyle\sum_{i=1}^{+\infty} p_i = 1$.

凡具有上述两条性质的 $p_i(i = 1, 2, \cdots)$ 一定是某个离散型随机变量 X 的分布列.

求离散型随机变量的分布列的步骤如下:

(1) 确定随机变量的所有可能取值;

(2) 计算每个取值点的概率.

例 2.2.1　某系统有两台机器独立运转,设它们发生故障的概率分别为 0.1, 0.2,若用 X 表示系统中发生故障的机器数,求 X 的分布列.

解　记 $A_i = \{$第 i 台机器发生故障$\}(i = 1, 2)$,则

$$p(X = 0) = p(\overline{A_1}\overline{A_2}) = p(\overline{A_1})p(\overline{A_2}) = 0.9 \times 0.8 = 0.72,$$

$$p(X = 1) = p(A_1\overline{A_2}) + p(\overline{A_1}A_2) = 0.1 \times 0.8 + 0.9 \times 0.2 = 0.26,$$

$$p(X = 2) = p(A_1 A_2) = 0.1 \times 0.2 = 0.02.$$

于是 X 的分布列如下：

X	0	1	2
p	0.72	0.26	0.02

例 2.2.2　设随机变量 X 的分布列为

$$p(X=i)=\frac{a}{4^i} \quad (i=1,2,\cdots),$$

试确定常数 a.

解　由分布列的正则性，有

$$1 = \sum_{i=1}^{+\infty} p_i = \sum_{i=1}^{+\infty} \frac{a}{4^i} = a\,\frac{1/4}{1-1/4} = \frac{a}{3},$$

则

$$a=3.$$

由离散型随机变量的分布列易知其分布函数为

$$F(x) = \sum_{x_i \leqslant x} p_i.$$

例 2.2.3　已知 X 的分布列如下：

X	0	1	2
p	0.3	0.2	0.5

求 X 的分布函数.

解

$$F(x)=\begin{cases} 0, & x<0 \\ 0.3, & 0\leqslant x<1 \\ 0.5, & 1\leqslant x<2 \\ 1, & 2\leqslant x \end{cases},$$

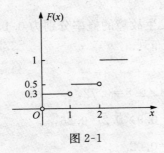

图 2-1

$F(x)$ 的图形如图 2-1 所示.

由图 2-1 可看出：

(1) $F(x)$ 是递增的阶梯函数；

(2) 其间断点均为右连续的；

(3) 其间断点即为 X 的可能取值点；

(4) 其间断点的跳跃高度是对应的概率值.

例 2.2.4　已知 X 的分布函数如下:

$$F(x)=\begin{cases}0, & x<0\\0.4, & 0\leqslant x<1\\0.8, & 1\leqslant x<2\\1, & 2\leqslant x\end{cases},$$

求 X 的分布列.

解　X 的分布列如下:

X	0	1	2
p	0.4	0.4	0.2

2.2.2　常用的离散型分布

1. 两点分布

定义 2.2.3　若随机变量 X 的分布列为

$$p(X=1)=p, p(X=0)=1-p,$$

则称随机变量 X 服从参数为 p 的**两点分布**,记为 $X\sim b(1,p)$.

只有两个可能结果的随机试验,均可用两点分布来描述.

2. 二项分布

定义 2.2.4　若随机变量 X 的分布列为

$$p(X=k)=C_n^k p^k(1-p)^{n-k}\quad(k=0,1,\cdots,n),$$

则称随机变量 X 服从参数为 n,p 的**二项分布**,记为 $X\sim b(n,p)$.

事件 A 在 n 重伯努利试验中发生的次数可用二项分布来描述.

例 2.2.5　某导弹发射塔发射导弹的成功率为 0.9,求在 10 次发射中至多成功 8 次的概率?

解　设 X 为 10 次发射中成功的次数,则 $X\sim b(10,0.9)$,所以在 10 次发射中至多成功 8 次的概率为

$$p(X\leqslant 8)=1-p(X>8)=1-\sum_{k=9}^{10}C_{10}^k(0.9)^k(0.1)^{10-k}=0.2639.$$

3. 泊松分布

定义 2.2.5　若随机变量 X 的分布列为

$$p(X=k)=\frac{\lambda^k}{k!}e^{-\lambda}\quad(k=0,1,\cdots),$$

其中参数 $\lambda>0$,则称随机变量 X 服从参数为 λ 的**泊松分布**,记为 $X\sim P(\lambda)$.

总机在单位时间内接到用户的呼叫次数;公共汽车站在单位时间内到达的乘客数;保险公司在单位时间内接到的保单数;某地区在单位时间内发生的灾情数等均可用泊松分布来描述.

例 2.2.6　某城市一天内发生火灾的次数 $X \sim P(0.8)$,求该城市一天内至少发生 3 次火灾的概率.

解　该城市一天内至少发生 3 次火灾的概率为

$$p(X \geqslant 3) = 1 - p(X < 3) = 1 - \sum_{k=0}^{2} \frac{0.8^k}{k!} e^{-0.8} \approx 0.0474.$$

在一定的条件下,二项分布可以用泊松分布近似.

定理 2.2.1(泊松定理)　在 n 重伯努利试验中,事件 A 在一次试验中出现的概率为 p_n(与试验次数 n 有关),$\lim\limits_{n \to +\infty} np_n = \lambda(\lambda > 0$ 为常数),则对任意确定的非负整数 k,有

$$\lim_{n \to +\infty} C_n^k p_n^k (1-p_n)^{n-k} = \frac{\lambda^k}{k!} e^{-\lambda}.$$

证明略.

例 2.2.7　设某保险公司的某人寿保险险种有 1000 人投保,每个人在一年内死亡的概率为 0.005,且每个人在一年内是否死亡是相互独立的,试求在未来一年这 1000 个投保人中死亡人数不超过 10 人的概率.

解　设 X 为 1000 个投保人在未来一年中死亡人数,则 $X \sim b(1000, 0.005)$,所以这 1000 个投保人在未来一年中死亡人数不超过 10 人的概率为

$$p(X \leqslant 10) = \sum_{k=0}^{10} C_{1000}^k (0.005)^k (0.995)^{1000-k} \approx \sum_{k=0}^{10} \frac{5^k}{k!} e^{-\lambda} \approx 0.986.$$

在实际计算中,当 $n \geqslant 20$,$p \leqslant 0.05$ 时,上式的近似值效果颇佳,而 $n \geqslant 100$ 且 $np \leqslant 10$ 时,效果更好.

4. 几何分布

定义 2.2.6　若随机变量 X 的分布列为

$$p(X=k) = (1-p)^{k-1} p \quad (k=1,2,\cdots),$$

则称随机变量 X 服从参数为 p 的**几何分布**,记为 $X \sim Ge(p)$.

在独立重复的伯努利试验中,"首次成功"时的试验次数可用几何分布来描述.

5. 超几何分布

定义 2.2.7　若随机变量 X 的分布列为

$$p(X=k) = \frac{C_M^k C_{N-M}^{n-k}}{C_N^n} \quad (k=0,1,\cdots,r),$$

其中 $r=\min\{M,n\}$，$M\leqslant N$，$n\leqslant N$ 且 n,N,M 均为整数，则称随机变量 X 服从参数为 n,N,M 的**超几何分布**，记为 $X\sim h(n,N,M)$.

从有 M 个不合格品的 N 个产品中无放回地抽取 n 个产品，其中含有的不合格品个数可用超几何分布描述.

2.3　连续型随机变量

2.3.1　连续型随机变量及其分布

定义 2.3.1　若随机变量 X 的可能取值充满数轴上的一个区间 (a,b)，则称 X 为**连续型随机变量**，其中 a 可以是 $-\infty$，b 可以是 $+\infty$.

因为连续型随机变量 X 的可能取值充满某个区间 (a,b)，在这个区间内有无穷不可列个实数，从而无法再用分布列来描述连续型随机变量 X 的统计规律，需引入其他的描述方式.

定义 2.3.2　设随机变量 X 的分布函数为 $F(x)$，若存在一个非负可积函数 $f(x)$，使得对任意实数 x，有

$$F(x) = \int_{-\infty}^{x} f(t)\,\mathrm{d}t,$$

则称 X 为**连续型随机变量**，称 $f(x)$ 为 X 的**概率密度函数**，简称**密度函数**.

显然，密度函数具有如下基本性质：

（1）非负性：$f(x)\geqslant 0$；

（2）正则性：$\displaystyle\int_{-\infty}^{+\infty} f(x)\,\mathrm{d}x=1$.

凡具有上述两条性质的 $f(x)$ 一定是某个连续型随机变量 X 的密度函数.

由定义 2.3.2，还可得到如下性质：

（1）$F(x)$ 是 $(-\infty,+\infty)$ 上的连续函数；

（2）$p(X=x)=F(x)-F(x-0)=0$；

（3）$p(a<X\leqslant b)=p(a<X<b)=p(a\leqslant X<b)=p(a\leqslant X\leqslant b)=\displaystyle\int_{a}^{b} f(x)\,\mathrm{d}x$；

（4）在 $F(x)$ 的可导点处，有 $f(x)=F'(x)$.

例 2.3.1　设连续型随机变量 X 的密度函数为

$$f(x)=\begin{cases} kx+1, & 0\leqslant x\leqslant 2 \\ 0, & \text{其他} \end{cases},$$

试求：（1）常数 k；（2）分布函数 $F(x)$；（3）$p\left(\dfrac{3}{2}<X<\dfrac{5}{2}\right)$.

解 （1）由密度函数的正则性，有

$$1 = \int_{-\infty}^{+\infty} f(x)\mathrm{d}x = \int_0^2 (kx+1)\mathrm{d}x = \left(\frac{kx^2}{2}+x\right)\Big|_0^2 = 2k+2$$

则 $k = -\dfrac{1}{2}$.

（2）$F(x) = \displaystyle\int_{-\infty}^x f(t)\mathrm{d}t = \begin{cases} 0, & x < 0 \\ -\dfrac{1}{4}x^2 + x, & 0 \leqslant x \leqslant 2. \\ 1, & x > 2 \end{cases}$

（3）$p\left(\dfrac{3}{2} < X < \dfrac{5}{2}\right) = F\left(\dfrac{5}{2}\right) - F\left(\dfrac{3}{2}\right) = \dfrac{1}{16}$.

2.3.2 常用的连续型分布

1. 均匀分布

定义 2.3.3 若随机变量 X 的密度函数为

$$f(x) = \begin{cases} \dfrac{1}{b-a}, & a < x < b, \\ 0, & \text{其他} \end{cases}$$

则称随机变量 X 服从区间 (a,b) 上的**均匀分布**，记为 $X \sim U(a,b)$.

X 的分布函数为

$$F(x) = \begin{cases} 0, & x < a \\ \dfrac{x-a}{b-a}, & a \leqslant x < b, \\ 1, & x \geqslant b \end{cases}$$

$f(x)$ 和 $F(x)$ 的图形分别如图 2-2 和图 2-3 所示.

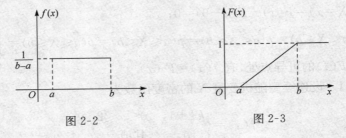

图 2-2   图 2-3

例 2.3.2 某公共汽车站 10min 有一辆汽车通过，一位乘客对于汽车通过该站的时间完全不知，他在任一时刻到达车站的可能性相同，试求他到达车站 3min 内就有公共汽车到站的概率.

解　设 X 为该乘客候车时间，则 $X \sim U(0,10)$，其密度函数为

$$f(x) = \begin{cases} \dfrac{1}{10}, & 0 < x < 10 \\ 0, & \text{其他} \end{cases}.$$

他到达车站 3min 内就有公共汽车到站的概率为

$$p(7 < X < 10) = \int_7^{10} \frac{1}{10} \mathrm{d}x = \frac{3}{10}.$$

2. 指数分布

定义 2.3.4　若随机变量 X 的密度函数为

$$f(x) = \begin{cases} \lambda \mathrm{e}^{-\lambda x}, & x > 0 \\ 0, & x \leqslant 0 \end{cases},$$

其中参数 $\lambda > 0$，则称随机变量 X 服从参数为 λ 的**指数分布**，记为 $X \sim E(\lambda)$.

X 的分布函数为

$$F(x) = \begin{cases} 1 - \mathrm{e}^{-\lambda x}, & x > 0 \\ 0, & x \leqslant 0 \end{cases},$$

$f(x)$ 和 $F(x)$ 的图形分别如图 2-4 和图 2-5 所示.

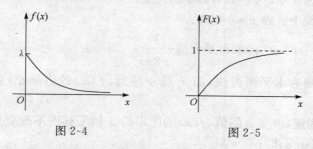

图 2-4　　　　　　　　　　　图 2-5

电子元件的寿命；随机服务系统中的服务时间等均可用指数分布来描述.

例 2.3.3　设打一次电话所用的时间 $X \sim E(0.1)$（单位：min），若某人刚好在你前面走进电话亭，求你将等 10min 以上才能走进此电话亭打电话的概率.

解　由于 $X \sim E(0.1)$，则其密度函数为

$$f(x) = \begin{cases} 0.1 \mathrm{e}^{-0.1x}, & x > 0 \\ 0, & x \leqslant 0 \end{cases}.$$

你将等 10min 以上才能走进此电话亭打电话的概率为

$$p(X \geqslant 10) = \int_{10}^{+\infty} 0.1 \mathrm{e}^{-0.1x} \mathrm{d}x = \mathrm{e}^{-1}.$$

3. 正态分布

定义 2.3.5　若随机变量 X 的密度函数为

$$f(x) = \frac{1}{\sqrt{2\pi}\sigma} e^{-\frac{(x-\mu)^2}{2\sigma^2}} \quad (-\infty < x < +\infty),$$

其中参数 $\sigma > 0$,则称随机变量 X 服从参数为 μ 和 σ^2 的**正态分布**,记为 $X \sim N(\mu, \sigma^2)$.

X 的分布函数为

$$F(x) = \frac{1}{\sqrt{2\pi}\sigma} \int_{-\infty}^{x} e^{-\frac{(t-\mu)^2}{2\sigma^2}} \mathrm{d}t,$$

$f(x)$ 和 $F(x)$ 的图形分别如图 2-6 和图 2-7 所示.

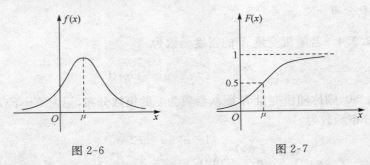

图 2-6　　　　　　　　　　　　图 2-7

由定义 2.3.5 知,$f(x)$ 具有如下的性质:

(1) $f(x)$ 关于直线 $x = \mu$ 对称;

(2) 当 $x = \mu$ 时,$f(x)$ 取得最大值 $\dfrac{1}{\sqrt{2\pi}\sigma}$;

(3) 以 x 轴为水平渐近线,即 x 离 μ 越远,$f(x)$ 的值越小,且 $x \to \pm\infty$ 时,$f(x) \to 0$;

(4) 当 σ 固定,改变 μ 的值,$f(x)$ 的图形沿 x 轴平移而不改变形状,因而 μ 又称为**位置参数**(图 2-8);

(5) 当 μ 固定,改变 σ 的值,$f(x)$ 的图形的形状随着 σ 的增大而变得平坦,故 σ 称为**形状参数**(图 2-9).

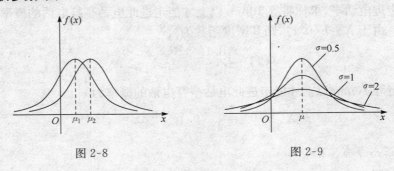

图 2-8　　　　　　　　　　　　图 2-9

　　一个变量若受大量微小的、独立的随机因素影响,如测量误差、产品重量、人的体重、考试成绩、海洋中波浪的高度等均可用正态分布来描述.

　　称参数 $\mu=0,\sigma=1$ 的正态分布称为**标准正态分布**,记为 $X\sim N(0,1)$,其密度函数记为

$$\varphi(x)=\frac{1}{\sqrt{2\pi}}\mathrm{e}^{\frac{x^2}{2}}\quad(-\infty<x<+\infty);$$

分布函数记为

$$\Phi(x)=\frac{1}{\sqrt{2\pi}}\int_{-\infty}^{x}\mathrm{e}^{-\frac{t^2}{2}}\mathrm{d}t.$$

标准正态分布的计算:

当 $x\geqslant0$ 时,$\Phi(x)$ 的函数值可查表得到;

当 $x<0$ 时,由 $\varphi(x)$ 的对称性知

$$\Phi(x)=p(X\leqslant x)=p(X\geqslant-x)=1-p(X\leqslant-x)=1-\Phi(-x),$$

从而可先查 $\Phi(-x)$,再由 $\Phi(x)=1-\Phi(-x)$ 来得到 $\Phi(x)$ 的函数值.

　　例 2.3.4　若 $X\sim N(0,1)$,试求下列事件的概率:(1) $p(X\leqslant1.96)$;(2) $p(X>1.96)$;(3) $p(X<-1.96)$;(4) $p(|X|\leqslant1.96)$;(5) $p(-1\leqslant X\leqslant2)$.

　　解　(1) $p(X\leqslant1.96)=\Phi(1.96)=0.975.$

　　(2) $p(X>1.96)=1-p(X\leqslant1.96)=1-\Phi(1.96)=1-0.975=0.025.$

　　(3) $p(X<-1.96)=\Phi(-1.96)=1-\Phi(1.96)=1-0.975=0.025.$

　　(4) $p(|X|\leqslant1.96)=p(-1.96\leqslant X\leqslant1.96)=\Phi(1.96)-\Phi(-1.96)$
　　　　　　　$=2\Phi(1.96)-1=0.95.$

　　(5) $p(-1\leqslant X\leqslant2)=\Phi(2)-\Phi(-1)=\Phi(2)+\Phi(1)-1=0.8185.$

非标准正态分布的计算:

　　定理 2.3.1　若 $X\sim N(\mu,\sigma^2)$,则 $Y=\dfrac{X-\mu}{\sigma}\sim N(0,1)$.

该定理的证明将放在下一节给出.

定理 2.3.1 表明,可将非标准正态分布化为标准正态分布计算,即若 $X\sim N(\mu,\sigma^2)$,则令 $Y=\dfrac{X-\mu}{\sigma}$,于是

$$p(x_1<X<x_2)=p\left(\frac{x_1-\mu}{\sigma}<Y<\frac{x_2-\mu}{\sigma}\right)=\Phi\left(\frac{x_2-\mu}{\sigma}\right)-\Phi\left(\frac{x_1-\mu}{\sigma}\right).$$

　　例 2.3.5　若 $X\sim N(1.5,4)$,求:(1) $p(X\leqslant3.5)$;(2) $p(X>2.5)$;(3) $p(|X|<3)$.

　　解　(1) $p(X\leqslant3.5)=p\left(\dfrac{X-1.5}{2}\leqslant\dfrac{3.5-1.5}{2}\right)=\Phi(1)=0.8413.$

(2) $p(X > 2.5) = 1 - p(X \leqslant 2.5) = 1 - p\left(\dfrac{X - 1.5}{2} \leqslant \dfrac{2.5 - 1.5}{2}\right)$

$$= 1 - \Phi(0.5) = 1 - 0.6915 = 0.3085.$$

(3) $p(|X| < 3) = p(-3 < X < 3) = p\left(\dfrac{-3 - 1.5}{2} < \dfrac{X - 1.5}{2} < \dfrac{3 - 1.5}{2}\right)$

$$= \Phi(0.75) - \Phi(-2.25) = \Phi(0.75) + \Phi(2.25) - 1 = 0.7612.$$

例 2.3.6　若 $X \sim N(\mu, \sigma^2)$，求（1）$p(|X - \mu| < \sigma)$；（2）$p(|X - \mu| < 2\sigma)$；（3）$p(|X - \mu| < 3\sigma)$？

解　（1）$p(|X - \mu| < \sigma) = p\left(-1 < \dfrac{X - \mu}{\sigma} < 1\right) = \Phi(1) - \Phi(-1) = 2\Phi(1) - 1$

$$= 0.6826.$$

（2）$p(|X - \mu| < 2\sigma) = p\left(-2 < \dfrac{X - \mu}{\sigma} < 2\right) = \Phi(2) - \Phi(-2) = 2\Phi(2) - 1$

$$= 0.9544.$$

（3）$p(|X - \mu| < 3\sigma) = p\left(-3 < \dfrac{X - \mu}{\sigma} < 3\right) = \Phi(3) - \Phi(-3) = 2\Phi(3) - 1$

$$= 0.9973.$$

由此可见 X 在一次试验中落在区间 $(\mu - 3\sigma, \mu + 3\sigma)$ 以外的概率可以忽略不计，这就是通常所说的 3σ 原则.

2.4　随机变量函数的分布

在实际问题中，经常要讨论随机变量函数的分布. 例如，某种商品的销售量 X 是随机变量，销售该商品的利润 Y 也是随机变量，它是 X 的函数 $g(X)$ 等.

设 X 是随机变量，$g(x)$ 是一个函数，则称 $Y = g(X)$ 为随机变量 X 的**函数**.

2.4.1　离散型随机变量函数的分布

设 X 是离散型随机变量，X 的分布列为

X	x_1	x_2	$\cdots$	x_i	$\cdots$
p	p_1	p_2	$\cdots$	p_i	$\cdots$

则 $Y = g(X)$ 也是离散型随机变量，其分布列为

Y	$g(x_1)$	$g(x_2)$	$\cdots$	$g(x_i)$	$\cdots$
p	p_1	p_2	$\cdots$	p_i	$\cdots$

当 $g(x_1),g(x_2),\cdots,g(x_i),\cdots$ 中有某些值相同时,则将它们合并,将对应的概率相加即可.

例 2.4.1　设随机变量 X 的分布列如下,试求随机变量 $Y=X^2+X$ 的分布列.

X	-2	-1	0	1	2
p	0.2	0.1	0.1	0.3	0.3

解　由题意得

Y	2	0	0	2	6
p	0.2	0.1	0.1	0.3	0.3

再将相同值合并得 $Y=X^2+X$ 的分布列为

Y	0	2	6
p	0.2	0.5	0.3

2.4.2　连续型随机变量函数的分布

对连续型随机变量 $X,Y=g(X)$ 不一定是连续型随机变量,这里只讨论 $Y=g(X)$ 是连续型随机变量的情形.

已知 X 的密度函数 $f_X(x)$,求 $Y=g(X)$ 的密度函数 $f_Y(y)$ 的方法如下:

(1) 利用分布函数的定义求得 Y 的分布函数

$$F_Y(y)=p(Y\leqslant y)=p(g(X)\leqslant y)=p(X\in I)=\int_I f_X(x)\mathrm{d}x,$$

其中 $I=\{x\,|\,g(x)\leqslant y\}$;

(2) 将 $F_Y(y)$ 求导即可得 Y 的密度函数.

例 2.4.2　设随机变量 X 的密度函数为

$$f_X(x)=\begin{cases}\dfrac{x}{8}, & 0<x<4, \\ 0, & \text{其他}\end{cases}$$

求随机变量 $Y=2X+8$ 的密度函数.

解　由题意知,当 $y\leqslant 8$ 时,有

$$F_Y(y)=p(Y\leqslant y)=0;$$

当 $8<y<16$ 时,有

$$F_Y(y)=p(Y\leqslant y)=p(2X+8\leqslant y)=p\left(X\leqslant\frac{y-8}{2}\right)=F_X\left(\frac{y-8}{2}\right);$$

当 $y \geqslant 16$ 时,有
$$F_Y(y) = p(Y \leqslant y) = 1.$$
即 Y 的分布函数
$$F_Y(y) = \begin{cases} 0, & y \leqslant 8 \\ F_X\left(\dfrac{y-8}{2}\right), & 8 < y < 16. \\ 1, & y \geqslant 16 \end{cases}$$

于是,Y 的密度函数
$$f_Y(y) = F_Y'(y) = \begin{cases} F_X'\left(\dfrac{y-8}{2}\right), & 8 < y < 16 \\ 0, & \text{其他} \end{cases}$$
$$= \begin{cases} \dfrac{y-8}{32}, & 8 < y < 16 \\ 0, & \text{其他} \end{cases}.$$

例 2.4.3　设随机变量 $X \sim N(\mu, \sigma^2)$,证明:$Y = \dfrac{X-\mu}{\sigma} \sim N(0,1)$.

证明　由题意知,Y 的分布函数为
$$F_Y(y) = p(Y \leqslant y) = p\left(\frac{X-\mu}{\sigma} \leqslant y\right) = p(X \leqslant \sigma y + \mu) = F_X(\sigma y + \mu).$$
于是,Y 的密度函数
$$f_Y(y) = F_Y'(y) = F_X'(\sigma y + \mu) = f_X(\sigma y + \mu)(\sigma y + \mu)' = \sigma f_X(\sigma y + \mu)$$
$$= \sigma \frac{1}{\sqrt{2\pi}\sigma} e^{-\frac{(\sigma y + \mu - \mu)^2}{2\sigma^2}} = \frac{1}{\sqrt{2\pi}} e^{-\frac{y^2}{2}},$$
则
$$Y = \frac{X-\mu}{\sigma} \sim N(0,1).$$

例 2.4.4　设随机变量 $X \sim N(0,1)$,试求随机变量 $Y = X^2$ 的密度函数.

解　由于 $Y = X^2 \geqslant 0$,故当 $y < 0$ 时,有 $F_Y(y) = p(Y \leqslant y) = 0$;
当 $y \geqslant 0$ 时,有
$$F_Y(y) = p(Y \leqslant y) = p(X^2 \leqslant y) = p(-\sqrt{y} \leqslant X \leqslant \sqrt{y}) = 2\Phi(\sqrt{y}) - 1.$$
即 Y 的分布函数
$$F_Y(y) = \begin{cases} 2\Phi(\sqrt{y}) - 1, & y \geqslant 0 \\ 0, & y < 0 \end{cases}.$$

于是,Y 的密度函数
$$f_Y(y) = F_Y'(y) = \begin{cases} 2\Phi'(\sqrt{y}), & y > 0 \\ 0, & y \leqslant 0 \end{cases}$$

$$= \begin{cases} y^{-\frac{1}{2}}\varphi(\sqrt{y}), & y>0 \\ 0, & y\leqslant 0 \end{cases} = \begin{cases} \dfrac{1}{\sqrt{2\pi}}y^{-\frac{1}{2}}e^{-\frac{y}{2}}, & y>0 \\ 0, & y\leqslant 0 \end{cases}.$$

此时称随机变量 Y 服从自由度为 1 的 χ^2 分布,记为 $Y\sim\chi^2(1)$.

习 题 二

A 组

1. 检查两个产品,用 T 表示合格品,F 表示不合格品,则样本空间中的四个样本点为

$$\omega_1=(F,F), \quad \omega_2=(T,F), \quad \omega_3=(F,T), \quad \omega_4=(T,T).$$

以 X 表示两个产品中的合格品数.

(1) 写出 X 与样本点之间的对应关系;

(2) 若此产品的合格品率为 p,求 $p(X=1)$.

2. 下列函数是否是某个随机变量的分布函数:

(1) $F(x)=\begin{cases} 0, & x<-2 \\ \dfrac{1}{2}, & -2\leqslant x<0; \\ 1, & x\geqslant 0 \end{cases}$

(2) $F(x)=\dfrac{1}{1+x^2}$ $(-\infty<x<+\infty)$.

3. 设 X 的分布函数为

$$F(x)=\begin{cases} A(1-e^{-x}), & x\geqslant 0 \\ 0, & x<0 \end{cases},$$

求常数 A 及 $p(1<X\leqslant 3)$.

4. 设随机变量 X 的分布函数为

$$F(x)=\begin{cases} 0, & x\leqslant 0 \\ Ax^2, & 0<x\leqslant 1, \\ 1, & x>1 \end{cases}$$

求常数 A 及 $p(0.5<X\leqslant 0.8)$.

5. 设随机变量 X 的分布列为

$$p(X=k)=\frac{a}{N} \quad (k=1,2,\cdots,N),$$

求常数 a.

6. 一批产品共有 100 个,其中有 10 个次品,求任意取出的 5 个产品中次品数的分布列.

7. 设 10 件产品中有 2 件次品,进行连续无放回抽样,直至取到正品为止,以 X 表示抽样次数,求:

(1) X 的分布列;

(2) X 的分布函数.

8. 设随机变量 X 的分布函数为

$$F(x)=\begin{cases} 0, & x<-1 \\ 0.2, & -1\leqslant x<1 \\ 0.3, & 1\leqslant x<2 \\ 0.5, & 2\leqslant x<3 \\ 1, & x\geqslant 3 \end{cases},$$

求 X 的分布列.

9. 某大楼装有 5 个同类型的供水设备,调查表明在任一时刻每一设备被使用的概率为 0.1,求在同一时刻:

(1) 恰有 2 个设备被使用的概率;

(2) 至少有 3 个设备被使用的概率;

(3) 至多有 3 个设备被使用的概率.

10. 经验表明:预定餐厅座位而不来就餐的顾客比例为 20%,如今餐厅有 50 个座位,但预定给了 52 位顾客,求到时顾客来到餐厅而没有座位的概率是多少?

11. 设某城市在一周内发生交通事故的次数服从参数为 0.3 的泊松分布,求:

(1) 在一周内恰好发生 2 次交通事故的概率;

(2) 在一周内至少发生 1 次交通事故的概率.

12. 设 X 服从泊松分布,已知 $p(X=1)=p(X=2)$,求 $p(X=4)$.

13. 一批产品的不合格品率为 0.02,现从中任取 40 件进行检查,若发现两件或两件以上不合格品就拒收这批产品,分别用以下方法求拒收的概率:

(1) 用二项分布作精确计算;

(2) 用泊松分布作的近似计算.

14. 设随机变量 X 的密度函数为

$$f(x)=\begin{cases} 2x, & 0\leqslant x\leqslant 1 \\ 0, & \text{其他} \end{cases},$$

求 X 的分布函数.

15. 设随机变量 X 的密度函数为

$$f(x)=\begin{cases} 2\left(1-\dfrac{1}{x^2}\right), & 1\leqslant x\leqslant 2 \\ 0, & \text{其他} \end{cases},$$

求 X 的分布函数.

16. 设随机变量 X 的密度函数为

$$f(x)=\begin{cases} A\cos x, & -\dfrac{\pi}{2}\leqslant x\leqslant \dfrac{\pi}{2}, \\ 0, & \text{其他} \end{cases}$$

求：(1)常数 A；(2)X 的分布函数；(3)$p\left(0<X\leqslant\dfrac{\pi}{4}\right)$.

17. 设随机变量 X 的分布函数为

$$F(x)=\begin{cases} 0, & x<1 \\ \ln x, & 1\leqslant x\leqslant \mathrm{e}, \\ 1, & x>\mathrm{e} \end{cases}$$

求：(1)$p(0<X\leqslant 3)$，$p(X<2)$，$p(2<X<2.5)$；(2)X 的密度函数.

18. 设 $K\sim U(1,6)$，求方程 $x^2+Kx+1=0$ 有实根的概率？

19. 调查表明某商店从早晨开始营业起直至第一个顾客到达的等待时间 X（单位：min）服从参数为 0.4 的指数分布，求下述事件的概率：

(1) X 至多 3min；

(2) X 至少 4min；

(3) X 在 3～4min；

(4) X 恰为 3min.

20. 设 $X\sim N(0,1)$，求下列事件的概率 $p(X\leqslant 2.35)$；$p(X\leqslant -1.24)$；$p(|X|\leqslant 1.54)$.

21. 设 $X\sim N(3,4)$，(1)求 $p(2<X\leqslant 5)$，$p(|X|>2)$，$p(X>3)$；(2)确定 c，使得 $p(X>c)=p(X\leqslant c)$；(3)若 d 满足 $p(X>d)\geqslant 0.9$，则 d 至多为多少？

22. 从甲地飞往乙地的航班，每天上午 10：10 起飞，飞行时间 X 服从均值为 4h，标准差为 20min 的正态分布. 求：

(1) 该航班在下午 2：30 以后到达乙地的概率；

(2) 该航班在下午 2：20 以前到达乙地的概率；

(3) 该航班在下午 1：50 至 2：30 之间到达乙地的概率.

23. 某地抽样调查结果表明，考生的外语成绩（百分制）近似地服从 $N(72, \sigma^2)$，已知 96 分以上的人数占总数的 2.3%，试求考生的成绩在 60～84 分的概率.

24. 设随机变量 X 的分布列为

X	0	$\dfrac{\pi}{2}$	π
p	0.25	0.5	0.25

求 $Y=\cos X$ 的分布列.

25. 设随机变量 X 的分布列为

X	-2	-1	0	1	2
p	0.1	0.2	0.3	0.2	0.2

求 $Y=X^2$ 的分布列.

26. 设随机变量 X 的密度函数为

$$f_X(x)=\begin{cases} \dfrac{3}{2}x^2, & -1<x<1 \\ 0, & \text{其他} \end{cases},$$

求随机变量 $Y=X+3$ 的密度函数.

27. 设随机变量 $X\sim U(0,1)$，求随机变量 $Y=\mathrm{e}^X$ 的密度函数.

28. 随机变量 X 的密度函数为

$$f_X(x)=\begin{cases} \mathrm{e}^{-x}, & x>0 \\ 0, & x\leqslant 0 \end{cases},$$

求随机变量 $Y=X^2$ 的密度函数.

29. 设随机变量 $X\sim N(0,1)$，试求随机变量 $Y=|X|$ 的密度函数.

B 组

1. 设随机变量 $X\sim N(\mu_1,\sigma_1^2)$，$Y\sim N(\mu_2,\sigma_2^2)$，若 $p(|X-\mu_1|<1)>p(|Y-\mu_2|<1)$，则必有 （　　）

 A. $\sigma_1<\sigma_2$ B. $\sigma_1>\sigma_2$ C. $\mu_1<\mu_2$ D. $\mu_1>\mu_2$

2. 设随机变量 $X\sim N(1,\sigma^2)$，其分布函数为 $F(x)$，则对任意实数 x，有（　　）

 A. $F(x)+F(-x)=1$ B. $F(1+x)+F(1-x)=1$

 C. $F(x+1)+F(x-1)=1$ D. $F(1-x)+F(x-1)=1$

3. 设随机变量 X 服从指数分布，则随机变量 $Y=\min\{X,2\}$ 的分布函数

（　　）

 A. 是连续函数   B. 至少有两个间断点

 C. 是阶梯函数   D. 恰好有一个间断点

4. 设随机变量 $X\sim f(x)=\dfrac{1}{2}\mathrm{e}^{-|x|}\ (-\infty<x<+\infty)$，则其分布函数 $F(x)$ 为

（　　）

 A. $F(x)=\begin{cases} \dfrac{1}{2}\mathrm{e}^x, & x<0 \\ 1, & x\geqslant 0 \end{cases}$ B. $F(x)=\begin{cases} \dfrac{1}{2}\mathrm{e}^x, & x<0 \\ 1-\dfrac{1}{2}\mathrm{e}^{-x}, & x\geqslant 0 \end{cases}$

C. $F(x) = \begin{cases} 1 - \dfrac{1}{2} \mathrm{e}^{-x}, & x < 0 \\ 1, & x \geqslant 0 \end{cases}$　　　　D. $F(x) = \begin{cases} \dfrac{1}{2} \mathrm{e}^x, & x < 0 \\ 1 - \dfrac{1}{2} \mathrm{e}^{-x}, & 0 \leqslant x < 1 \\ 1, & x \geqslant 1 \end{cases}$

5. 设连续型随机变量 X 的密度函数 $f(x)$ 是一个偶函数，$F(x)$ 为其分布函数，则对任意实数 x，有 $F(-x) + F(x) =$ 　　　　　　　　　　　　（　　）

A. 0　　　　　　B. 1　　　　　　C. 2　　　　　　D. -1

6. 设随机变量 $X \sim f(x)$ 且 $f(x) = f(-x)$，$F(x)$ 为其分布函数，则对任意实数 a 都成立的是　　　　　　　　　　　　　　　　　　　　　　　　（　　）

A. $F(-a) = 1 - \displaystyle\int_0^a f(x)\,\mathrm{d}x$　　　　　B. $F(-a) = \dfrac{1}{2} - \displaystyle\int_0^a f(x)\,\mathrm{d}x$

C. $F(-a) = F(a)$　　　　　　　　D. $F(-a) = 2F(a) - 1$

7. 设连续型随机变量 X 的分布函数为 $F(x)$，密度函数为 $f(x)$，且 X 与 $-X$ 有相同的分布函数，则　　　　　　　　　　　　　　　　　　　　　（　　）

A. $F(x) = F(-x)$　　　　　　　　B. $F(x) = -F(-x)$

C. $f(x) = f(-x)$　　　　　　　　D. $f(x) = -f(-x)$

8. 设随机变量 $X \sim N(0,1)$，若 $p(X > a) = \alpha\,(a > 0)$，则 $p(|X| < a) =$　（　　）

A. $1 - \alpha$　　　B. $1 - \dfrac{\alpha}{2}$　　　C. $1 - 2\alpha$　　　D. $\dfrac{1}{2} - \alpha$

9. 设随机变量 $X \sim f(x) = \begin{cases} 2x, & 0 < x < 1 \\ 0, & \text{其他} \end{cases}$，则随机变量 $Y = X^2$ 的分布为

（　　）

A. 区间 $(0,2)$ 上的均匀分布　　　　B. 参数为 1 的指数分布

C. 区间 $(0,1)$ 上的均匀分布　　　　D. 参数为 2 的指数分布

10. 设随机变量 X 的分布函数为

$$F(x) = \begin{cases} 0, & x < -1 \\ a, & -1 \leqslant x < 1 \\ \dfrac{2}{3} - a, & 1 \leqslant x < 2 \\ a + b, & x \geqslant 2 \end{cases},$$

且 $p(X = 2) = \dfrac{1}{2}$，求常数 a, b.

11. 设随机变量 X 的分布列为

X	1	2	3
p	0.5	$1-2a$	a^2

求常数 a.

12. 口袋中有 5 个球,编号为 $1,2,3,4,5$,从中任取 3 个,以 X 表示取出的 3 个球中的最大号码.

(1) 求 X 的分布列;

(2) 求 X 的分布函数.

13. 设随机变量 X 的密度函数为

$$f(x)=Ce^{-\frac{|x|}{a}} \quad (a>0),$$

求:(1)常数 C;(2)X 的分布函数;(3)$p(|X|<2)$.

14. 设随机变量 X 的密度函数为

$$f(x)=\begin{cases}2x, & 0\leqslant x\leqslant 1 \\ 0, & 其他\end{cases},$$

以 Y 表示对 X 的三次独立重复观察中事件 $\{X\leqslant\frac{1}{2}\}$ 出现的次数,求 $P(Y=2)$.

15. 设顾客在某银行的窗口等待服务的时间 X(单位:min)服从指数分布,其密度函数为

$$f(x)=\begin{cases}\dfrac{1}{5}e^{-\frac{x}{5}}, & x>0 \\ 0, & x\leqslant 0\end{cases}.$$

某顾客在窗口等待服务,若超过 10min 他就离开. 他一个月要到银行 5 次,以 Y 表示一个月内他未等到服务而离开窗口的次数,求 $p(Y\geqslant 1)$.

16. 设随机变量 $X\sim N(2,\sigma^2)$ 且 $p(2<X<4)=0.3$,求 $p(X<0)$.

17. 设随机变量 X 的分布函数为 $F(x)$,试求随机变量 $Y=F(X)$ 的密度函数.

第3章 多维随机变量及其分布

在很多情况下，只用一个随机变量来描述随机现象往往是不够的，需要涉及多个随机变量．例如，考查某地区学龄前儿童发育情况，对这一地区的儿童进行抽样检查，需要同时观察他们的身高和体重，这样，儿童的发育就需要用身高 X 和体重 Y 两个随机变量加以描述．又如炼钢，对炼出的每炉钢，都需要考虑含碳量、含硫量和硬度这些基本指标，这就涉及三个随机变量：含碳量 X、含硫量 Y 和硬度 Z；如果还需要考察其他指标，则应引入更多的随机变量．一般地，如果一个随机试验涉及的 n 个随机变量 $X_1, X_2, \cdots, X_n$，记为 $(X_1, X_2, \cdots, X_n)$，称为 n 维随机向量或 n 维随机变量．例如，某地区学龄前儿童的身高和体重 (X, Y) 是二维随机变量，每炉钢的基本指标 (X, Y, Z) 是三维随机变量．

应该指出的是，对同一随机试验所涉及这些随机变量之间是有联系的，因而把看作一个整体加以研究．在本章中，主要讨论二维随机向量．从二维随机向量到 n 维随机向量的推广是直接的、形式上的，并无实质困难．

3.1 二维随机变量及其分布

3.1.1 二维随机变量及其分布函数

定义 3.1.1 设 X, Y 是定义在同一样本空间 Ω 上的两个随机变量，则称二元组 (X, Y) 为**二维随机变量**或**二维随机向量**.

二维随机变量 (X, Y) 的取值常用小写字母 (x, y) 表示．类似一维情形，可以定义分布函数来研究二维随机变量．

定义 3.1.2 设 (X, Y) 为二维随机变量，对于任意的实数 x, y，称二元函数
$$F(x, y) = p(X \leqslant x, Y \leqslant y)$$
为二维随机变量 (X, Y) 的**分布函数**，或称随机变量 X 和 Y 的**联合分布函数**.

分布函数 $F(x, y)$ 表示事件 $(X \leqslant x)$ 和事件 $(Y \leqslant y)$ 同时发生的概率．如果把 (X, Y) 看作平面上随机点的坐标，则分布函数 $F(x, y)$ 在 (x_0, y_0) 处的函数值 $F(x_0, y_0)$ 表示随机点 (X, Y) 落入平面上以 (x_0, y_0) 为顶点而位于左下方无限矩形区域内的概率，如图 3-1 所示．

由分布函数的几何解释，容易得到随机点 (X, Y) 落入平面上任意一个矩形区域 $G = \{(x, y) \mid x_1 < x \leqslant x_2, y_1 < y \leqslant y_2\}$（图 3-2）内的概率

$$p(x_1 < X \leqslant x_2, y_1 < Y \leqslant y_2) = F(x_2, y_2) - F(x_1, y_2) - F(x_2, y_1) + F(x_1, y_1).$$

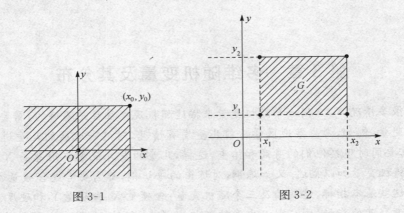

图 3-1　　　　　　　　　　　　　　　　图 3-2

由二维随机变量分布函数的定义,容易得出分布函数的四条基本性质.

定理 3.1.1　任一二维随机变量的分布函数 $F(x,y)$ 都有如下基本性质:

(1) 单调性:$F(x,y)$ 分别是 x 和 y 的单调不减函数. 即

对任意固定的 x,当 $y_1 < y_2$ 时,$F(x,y_1) \leqslant F(x,y_2)$;

对任意固定的 y,当 $x_1 < x_2$ 时,$F(x_1,y) \leqslant F(x_2,y)$.

(2) 有界性:对任意实数 x,y,有 $0 \leqslant F(x,y) \leqslant 1$,且

$$F(-\infty,y) = \lim_{x \to -\infty} F(x,y) = 0,$$

$$F(x,-\infty) = \lim_{y \to -\infty} F(x,y) = 0,$$

$$F(-\infty,-\infty) = \lim_{x,y \to -\infty} F(x,y) = 0,$$

$$F(+\infty,+\infty) = \lim_{x,y \to +\infty} F(x,y) = 1.$$

(3) 右连续性:$F(x,y)$ 关于 x 或 y 均为右连续. 即

对任意固定的 x,$F(x,y_0+0) = \lim_{y \to y_0^+} F(x,y) = F(x,y_0)$;

对任意固定的 y,$F(x_0+0,y) = \lim_{x \to x_0^+} F(x,y) = F(x_0,y)$.

(4) 非负性:对于任意 $x_1 < x_2$、$y_1 < y_2$,有

$$F(x_2,y_2) - F(x_1,y_2) - F(x_2,y_1) + F(x_1,y_1) \geqslant 0.$$

凡具有上述四条性质的二元实函数一定是某个二维随机变量 (X,Y) 的分布函数. 二维随机变量也分为离散型和连续型,下面分别讨论它们.

3.1.2　二维离散型随机变量

定义 3.1.3　若二维随机变量 (X,Y) 的可能取值只有有限个或可列个,则称 (X,Y) 为二维离散型随机变量.

(X,Y) 为二维离散型随机变量当且仅当 X,Y 均为一维离散型随机变量.

对二维离散型随机变量的最直接的描述是给出其取每一可能值的概率,为此,类似一维离散情形,可以给出如下分布列的定义:

定义 3.1.4 设二维随机变量 (X,Y) 的所有可能取值为 $(x_i,y_j)(i,j=1,2,\cdots)$,则称 (X,Y) 取 (x_i,y_j) 的概率

$$p_{ij}=p(X=x_i,Y=y_j)\quad(i,j=1,2,\cdots)$$

为 (X,Y) 的**分布列**,或 X 和 Y 的**联合分布列**.

(X,Y) 的联合分布列也可用表格形式表示:

X \\ Y	y_1	y_2	$\cdots$	y_j	$\cdots$
x_1	p_{11}	p_{12}	$\cdots$	p_{1j}	$\cdots$
x_2	p_{21}	p_{22}	$\cdots$	p_{2j}	$\cdots$
$\vdots$	$\vdots$	$\vdots$		$\vdots$	
x_i	p_{i1}	p_{i2}	$\cdots$	p_{ij}	$\cdots$
$\vdots$	$\vdots$	$\vdots$		$\vdots$	

显然,分布列具有如下基本性质:

(1) 非负性:$p_{ij}\geqslant0\quad(i,j=1,2,\cdots)$;

(2) 正则性:$\sum_i\sum_j p_{ij}=1$.

凡具有上述两条性质的 $p_{ij}(i,j=1,2,\cdots)$ 一定是某个二维离散型随机变量 (X,Y) 的分布列.

求二维离散型随机变量 (X,Y) 的分布列的步骤如下:

(1) 确定随机变量 (X,Y) 的所有可能取值 (x_i,y_j);

(2) 计算每个取值点的概率 $p_{ij}=p(X=x_i,Y=y_j)$.

联合分布列不仅比联合分布函数更加直观,而且能够更方便地确定 (X,Y) 取值落入任何区域 D 的概率,事实上,有

$$p((X,Y)\in D)=\sum_{(x_i,y_j)\in D}p(X=x_i,Y=y_j)=\sum_{(x_i,y_j)\in D}p_{ij}.$$

特别地,由联合分布列可以确定联合分布函数

$$F(x,y)=p(X\leqslant x,Y\leqslant y)=\sum_{x_i\leqslant x,y_j\leqslant y}p(X=x_i,Y=y_j)=\sum_{x_i\leqslant x,y_j\leqslant y}p_{ij}.$$

例 3.1.1 一口袋中有三个球,它们分别标有数字 1,2,2. 从袋中任取一球后,再从袋中任取一球. 设每次取球时,袋中各个球被取到的可能性相同. 以 X,Y 分别记第一次、第二次取得的球上标有的数字. 在以下两种取球方式下求 (X,Y) 的分布列:

(1) 第一次取出的球不放回袋中;

(2) 第一次取出的球放回袋中.

解 (1) (X,Y)的可能取值为$(1,2),(2,1),(2,2)$,各取值的概率为

$$p(X=1,Y=2)=\frac{1\times2}{3\times2}=\frac{1}{3}, \quad p(X=2,Y=1)=\frac{2\times1}{3\times2}=\frac{1}{3},$$

$$p(X=2,Y=2)=\frac{2\times1}{3\times2}=\frac{1}{3}.$$

所以(X,Y)的分布列为

X \\ Y	1	2
1	0	1/3
2	1/3	1/3

(2) (X,Y)的可能取值为$(1,1),(1,2),(2,1),(2,2)$,概率为

$$p(X=1,Y=1)=\frac{1\times1}{3\times3}=\frac{1}{9}, \quad p(X=1,Y=2)=\frac{1\times2}{3\times3}=\frac{2}{9},$$

$$p(X=2,Y=1)=\frac{2\times1}{3\times3}=\frac{2}{9}, \quad p(X=2,Y=2)=\frac{2\times2}{3\times3}=\frac{4}{9}=\frac{2\times2}{3\times3}=\frac{4}{9},$$

所以(X,Y)的分布列为

X \\ Y	1	2
1	1/9	2/9
2	2/9	4/9

例3.1.2 设(X,Y)的分布列由下表给出,求$p(X\neq0,Y=0)$,$p(X=Y)$,$p(X\leqslant0,Y\leqslant0)$,$p(|X|=|Y|)$?

X \\ Y	−1	0	2
0	0.1	0.2	0
1	0.3	0.05	0.1
2	0.15	0	0.1

解 $p(X\neq0,Y=0)=p(X=1,Y=0)+p(X=2,Y=0)=0.05+0=0.05,$

$p(X=Y)=p(X=0,Y=0)+p(X=2,Y=2)=0.2+0.1=0.3,$

$p(X\leqslant0,Y\leqslant0)=p(X=0,Y=-1)+p(X=0,Y=0)=0.1+0.2=0.3,$

$p(|X|=|Y|)=p(X=0,Y=0)+p(X=1,Y=-1)+p(X=2,Y=2)$

$$=0.2+0.3+0.1=0.6.$$

3.1.3 二维连续型随机变量

类似一维连续型随机变量,可以给出二维连续型随机变量的定义.

定义 3.1.5 设二维随机变量 (X,Y) 的分布函数为 $F(x,y)$,若存在一个非负可积二元函数 $f(x,y)$,使得对任意实数 x,y 有

$$F(x,y) = \int_{-\infty}^{x}\int_{-\infty}^{y} f(s,t)\mathrm{d}s\mathrm{d}t,$$

则称 (X,Y) 为**二维连续型随机变量**,称 $f(x,y)$ 为 (X,Y) 的**联合密度函数**,简称为**密度函数**.

显然,二维连续型随机变量的密度函数具有如下基本性质:

(1) 非负性:$f(x,y)\geqslant 0$;

(2) 正则性:$\int_{-\infty}^{+\infty}\int_{-\infty}^{+\infty} f(x,y)\mathrm{d}x\mathrm{d}y = 1$.

凡具有上述两条性质的 $f(x,y)$ 一定是某个二维连续型随机变量 (X,Y) 的密度函数.

注:(1) 点 (X,Y) 落入平面区域 D 内的概率为

$$p((X,Y)\in D) = \iint_{D} f(x,y)\mathrm{d}x\mathrm{d}y;$$

(2) 在 $f(x,y)$ 的连续点处,有 $f(x,y) = \dfrac{\partial^2 F(x,y)}{\partial x\partial y}$.

例 3.1.3 设二维连续型随机变量 (X,Y) 的联合密度函数为

$$f(x,y) = \begin{cases} Ce^{-(2x+4y)}, & x>0, y>0 \\ 0, & 其他 \end{cases}.$$

求:(1)常数 C;(2)$p(X\geqslant Y)$.

解 (1) 由性质 $\int_{-\infty}^{+\infty}\int_{-\infty}^{+\infty} f(x,y)\mathrm{d}x\mathrm{d}y = 1$ 可得

$$\int_{0}^{+\infty}\int_{0}^{+\infty} Ce^{-(2x+4y)}\mathrm{d}x\mathrm{d}y = 1,$$

由此易得 $C=8$.

(2) 记 $D=\{(x,y)\mid x\geqslant y\}$,则

$$p(X\geqslant Y) = p((X,Y)\in D) = \iint_{D} f(x,y)\mathrm{d}x\mathrm{d}y,$$

故

$$p(X\geqslant Y) = \int_{0}^{+\infty}\mathrm{d}x\int_{0}^{x} 8e^{-(2x+4y)}\mathrm{d}y = \frac{2}{3}.$$

以下介绍两种常见的二维连续型随机变量.

1. 二维均匀分布

若二维随机变量(X, Y)的联合密度函数为

$$f(x, y) = \begin{cases} \dfrac{1}{S_G}, & (x, y) \in G, \\ 0, & 其他 \end{cases}$$

其中,G为平面上某个有界区域,S_G为区域G的面积,则称二维随机变量(X, Y)服从区域G上的**均匀分布**.

若(X, Y)等可能地取到有界平面区域G内的任一点,则二维随机变量(X, Y)服从区域G上的均匀分布.

2. 二维正态分布

若二维随机变量(X, Y)的联合密度函数为

$$f(x, y) = \frac{1}{2\pi\sigma_1\sigma_2\sqrt{1-\rho^2}} e^{-\frac{1}{2(1-\rho^2)}\left[\frac{(x-\mu_1)^2}{\sigma_1^2} - 2\rho\frac{(x-\mu_1)(y-\mu_2)}{\sigma_1\sigma_2} + \frac{(y-\mu_2)^2}{\sigma_2^2}\right]} \quad (-\infty < x, y < +\infty),$$

其中$-\infty < \mu_1 < +\infty$,$-\infty < \mu_2 < +\infty$,$\sigma_1 > 0$,$\sigma_2 > 0$,$-1 < \rho < 1$为常数,称$(X, Y)$服从参数为$\mu_1, \mu_2, \sigma_1, \sigma_2, \rho$的**二维正态分布**,记为$(X, Y) \sim N(\mu_1, \mu_2, \sigma_1^2, \sigma_2^2, \rho)$.

3.2　边际分布

二维随机变量(X, Y)作为一个整体,其联合分布既包含了X和Y相互关系的信息,也包含了一维分量X(或Y)的分布信息,X和Y都是一维随机变量,也有自己的分布,依次称为X和Y的边际分布.需要注意的是,X和Y的边际分布,本质上就是一维随机变量X和Y的分布,之所以称为边际分布是相对于它们的联合分布而言.本节讨论如何从联合分布求出边际分布的问题.

3.2.1　边际分布函数

设二维随机变量(X, Y)的联合分布函数为$F(x, y)$,称

$$F_X(x) = p(X \leqslant x) = p(X \leqslant x, Y < +\infty) = F(x, +\infty) = \lim_{y \to +\infty} F(x, y)$$

为X的**边际分布函数**.

类似地,关于Y的边际分布函数为

$$F_Y(y) = p(Y \leqslant y) = p(X < +\infty, Y \leqslant y) = F(+\infty, y) = \lim_{x \to +\infty} F(x, y),$$

因此,X和Y的边际分布函数由它们的联合分布函数确定.

例 3.2.1　二维随机变量(X, Y)的联合分布函数为

$$F(x,y)=\frac{1}{\pi^2}\left(\frac{\pi}{2}+\arctan x\right)\left(\frac{\pi}{2}+\arctan y\right)\quad(-\infty<x,y<+\infty),$$

求 X 和 Y 的边际分布函数 $F_X(x),F_Y(y)$.

解　由边际分布函数与联合分布函数的关系知

$$F_X(x)=\lim_{y\to+\infty}\frac{1}{\pi^2}\left(\frac{\pi}{2}+\arctan x\right)\left(\frac{\pi}{2}+\arctan y\right)=\frac{1}{\pi}\left(\frac{\pi}{2}+\arctan x\right),$$

$$F_Y(y)=\lim_{x\to+\infty}\frac{1}{\pi^2}\left(\frac{\pi}{2}+\arctan x\right)\left(\frac{\pi}{2}+\arctan y\right)=\frac{1}{\pi}\left(\frac{\pi}{2}+\arctan y\right).$$

3.2.2　边际分布列

设二维离散型随机变量 (X,Y) 的联合分布列为

$$p_{ij}=p(X=x_i,Y=y_j)\quad(i,j=1,2,\cdots),$$

称 $p_{i\cdot}=p(X=x_i)=\sum_j p_{ij}(i=1,2,\cdots)$ 为 X 的**边际分布列**.

类似地,关于 Y 的边际分布列为

$$p_{\cdot j}=p(Y=y_j)=\sum_i p_{ij}\quad(j=1,2,\cdots).$$

因此,X 和 Y 的边际分布列由它们的联合分布列确定.

X 和 Y 的边际分布列也可以写成如下列表的形式:

X	x_1	x_2	$\cdots$	x_i	$\cdots$
p	$p_{1\cdot}$	$p_{2\cdot}$	$\cdots$	$p_{i\cdot}$	$\cdots$
Y	y_1	y_2	$\cdots$	y_j	$\cdots$
p	$p_{\cdot1}$	$p_{\cdot2}$	$\cdots$	$p_{\cdot j}$	$\cdots$

例 3.2.2　设 (X,Y) 的联合分布列为

X \ Y	-1	0	2
0	0.1	0.2	0
1	0.3	0.05	0.1
2	0.15	0	0.1

求 X 和 Y 的边际分布列?

解
$$p(X=0)=p_{1\cdot}=p_{11}+p_{12}+p_{13}=0.1+0.2+0=0.3,$$
$$p(X=1)=p_{2\cdot}=p_{21}+p_{22}+p_{23}=0.3+0.05+0.1=0.45,$$
$$p(X=2)=p_{3\cdot}=p_{31}+p_{32}+p_{33}=0.15+0+0.1=0.25,$$
$$p(Y=-1)=p_{\cdot1}=p_{11}+p_{21}+p_{31}=0.1+0.3+0.15=0.55,$$

$$p(Y=0)=p._2=p_{12}+p_{22}+p_{32}=0.2+0.05+0=0.25,$$
$$p(Y=2)=p._3=p_{13}+p_{23}+p_{33}=0+0.1+0.1=0.2.$$

写成列表的形式为

X	0	1	2
p	0.3	0.45	0.25
Y	−1	0	2
p	0.55	0.25	0.2

3.2.3　边际密度函数

设二维连续型随机变量(X,Y)的联合密度函数为$f(x,y)$, $F_X(x)$为X的边际分布函数,由$F_X(x)=p(X\leqslant x)=p(X\leqslant x,Y<+\infty)$,可得

$$F_X(x)=\int_{-\infty}^{+\infty}\int_{-\infty}^{x}f(s,t)\mathrm{d}s\mathrm{d}t=\int_{-\infty}^{x}\left[\int_{-\infty}^{+\infty}f(s,t)\mathrm{d}t\right]\mathrm{d}s,$$

记$f_X(s)=\int_{-\infty}^{+\infty}f(s,t)\mathrm{d}t$,则有

$$F_X(x)=\int_{-\infty}^{x}f_X(s)\mathrm{d}s.$$

上式表明,X为连续型随机变量,其密度函数为$f_X(x)=\int_{-\infty}^{+\infty}f(x,y)\mathrm{d}y.$

同理可得,Y为连续型随机变量,其密度函数为$f_Y(y)=\int_{-\infty}^{+\infty}f(x,y)\mathrm{d}x.$

分别称$f_X(x)$和$f_Y(y)$为X和Y的**边际密度函数**. 因此,X和Y的边际密度函数由它们的联合密度函数确定.

例 3.2.3　设二维随机变量(X,Y)的联合密度函数为

$$f(x,y)=\begin{cases}8xy, & 0\leqslant x\leqslant y\leqslant 1\\0, & 其他\end{cases},$$

求X和Y的边际密度函数.

解　设X和Y的边际密度函数分别为$f_X(x)$和$f_Y(y)$,则

$$f_X(x)=\int_{-\infty}^{+\infty}f(x,y)\mathrm{d}y=\begin{cases}\int_{x}^{1}8xy\mathrm{d}y, & 0<x<1\\0, & 其他\end{cases}=\begin{cases}4x(1-x^2), & 0<x<1\\0, & 其他\end{cases};$$

$$f_Y(y)=\int_{-\infty}^{+\infty}f(x,y)\mathrm{d}x=\begin{cases}\int_{0}^{y}8xy\mathrm{d}x, & 0<y<1\\0, & 其他\end{cases}=\begin{cases}4y^3, & 0<y<1\\0, & 其他\end{cases}.$$

例 3.2.4　设二维随机变量$(X,Y)\sim N(0,0,1,1,\rho)$,试求$X$和$Y$的边际密度函数.

解　由于 $(X,Y) \sim N(0,0,1,1,\rho)$，$(X,Y)$ 的联合密度函数为

$$\varphi(x,y) = \frac{1}{2\pi\sqrt{1-\rho^2}} e^{-\frac{1}{2(1-\rho^2)}[x^2-2\rho xy+y^2]}.$$

X 的边际密度函数为

$$\varphi_X(x) = \int_{-\infty}^{+\infty} \varphi(x,y)\mathrm{d}y = \int_{-\infty}^{+\infty} \frac{1}{2\pi\sqrt{1-\rho^2}} e^{-\frac{1}{2(1-\rho^2)}[x^2-2\rho xy+y^2]}\mathrm{d}y$$

$$= \int_{-\infty}^{+\infty} \frac{1}{2\pi\sqrt{1-\rho^2}} e^{-\frac{x^2}{2}-\frac{(y-\rho x)^2}{2(1-\rho^2)}}\mathrm{d}y$$

$$\xlongequal{\diamondsuit\, t=\frac{y-\rho x}{\sqrt{1-\rho^2}}} \frac{1}{2\pi} e^{-\frac{x^2}{2}} \int_{-\infty}^{+\infty} e^{-\frac{t^2}{2}}\mathrm{d}t = \frac{1}{\sqrt{2\pi}} e^{-\frac{x^2}{2}}.$$

上式表明 $X \sim N(0,1)$；同理可得 Y 的边际密度函数为 $\varphi_Y(y) = \frac{1}{\sqrt{2\pi}}e^{-\frac{y^2}{2}}$，即 $Y \sim N(0,1)$.

一般地，对于二维正态分布有如下定理：

定理 3.2.1　设 $(X,Y) \sim N(\mu_1,\mu_2,\sigma_1^2,\sigma_2^2,\rho)$，$\varphi(x,y)$，$\varphi_X(x)$ 和 $\varphi_Y(y)$ 分别表示 (X,Y) 的联合密度函数和 X 和 Y 的边际密度函数. 则

(1) $X \sim N(\mu_1,\sigma_1^2)$，$Y \sim N(\mu_2,\sigma_2^2)$；

(2) $\rho=0 \Longleftrightarrow \varphi(x,y) = \varphi_X(x) \cdot \varphi_Y(y)$.

定理 3.2.1 表明，二维正态分布的边际分布为一维正态分布，且边际分布与参数 ρ 无关，对于确定的参数 $\mu_1,\mu_2,\sigma_1^2,\sigma_2^2$，当取不同的 ρ 时，对应不同的二维正态分布，但分量 X 或 Y 却服从相同的一维正态分布，所以不同的二维正态分布可能有相同的边际分布，从而边际分布一般不能确定联合分布. 特别当 $\rho=0$ 时，(X,Y) 的联合分布可由边际分布确定.

另外需要注意的是，两个边际分布为正态分布的二维随机变量不一定是二维正态分布. 比如 (X,Y) 的联合密度函数为

$$f(x,y) = \frac{1}{2\pi} e^{-\frac{x^2+y^2}{2}}(1+\sin x\sin y) \quad (-\infty < x,y < +\infty).$$

容易证明 $X \sim N(0,1)$，$Y \sim N(0,1)$，但 (X,Y) 不服从二维正态分布.

3.3　随机变量的独立性

随机变量的相互独立是概率统计中一个十分重要的概念. 两个随机变量相互独立，直观地解释就是一个随机变量的取值对另一个随机变量取值的概率没有影响. 随机变量的独立性可借助于事件的独立性引出. 设 X,Y 是两个随机变量，若对任意实数 x,y，事件 $(X \leqslant x)$ 和 $(Y \leqslant y)$ 相互独立，则称随机变量 X 和 Y 相互独立.

定义 3.3.1 　设二维随机变量 (X,Y) 的联合分布函数为 $F(x,y)$，X 和 Y 的边际分布函数为 $F_X(x),F_Y(y)$. 若对任意的实数 x,y，有

$$p(X \leqslant x, Y \leqslant y) = p(X \leqslant x) p(Y \leqslant y)$$

或

$$F(x,y) = F_X(x)F_Y(y),$$

则称随机变量 X 和 Y **相互独立**.

因此，若 X 和 Y 相互独立，则 (X,Y) 的联合分布可由边际分布确定.

若 (X,Y) 为二维离散型随机变量，X 和 Y 相互独立有如下等价定义：

定义 3.3.2 　(X,Y) 为二维离散型随机变量，其所有可能取值为 (x_i, y_j) $(i, j = 1, 2, \cdots)$，若对任意的取值 (x_i, y_j) 有

$$p(X = x_i, Y = y_j) = p(X = x_i) p(Y = y_j)$$

或

$$p_{ij} = p_i. \, p._j \quad (i, j = 1, 2, \cdots),$$

则称随机变量 X 和 Y **相互独立**.

若 (X,Y) 为二维连续型随机变量，X 和 Y 相互独立有如下等价定义：

定义 3.3.3 　(X,Y) 为二维连续型随机变量，其联合密度函数为 $f(x,y)$，X 和 Y 的边际密度函数分别为 $f_X(x),f_Y(y)$. 若对任意的取值 (x,y) 有

$$f(x,y) = f_X(x) f_Y(y),$$

则称随机变量 X 和 Y **相互独立**.

直观地理解，随机变量 X 与 Y 相互独立，应该要求 X 生成的任何事件和 Y 生成的任何事件都相互独立，以上定义应该蕴涵这个事实. 事实上，有下列定理.

定理 3.3.1 　随机变量 X 与 Y 相互独立的充要条件是 X 所生成的任何事件与 Y 生成的任何事件相互独立，即对任意实数集 A, B，有

$$p(X \in A, Y \in B) = p(X \in A) p(Y \in B).$$

定理 3.3.2 　若随机变量 X 与 Y 相互独立，则对任意函数 $g(x), h(y)$，有 $g(X), h(Y)$ 相互独立.

例 3.3.1 　例 3.1.1 中，在无放回情形下，(X,Y) 的联合分布列为

X＼Y	1	2
1	0	1/3
2	1/3	1/3

X 和 Y 的边际分布列为

X	1	2
p	1/3	2/3
Y	1	2
p	1/3	2/3

因为 $p(X=1,Y=1)=0\neq p(X=1)p(Y=1)=1/9$,故无放回情形下 X 和 Y 不独立.

在有放回情形下,(X,Y) 的联合分布列为

X ＼ Y	1	2
1	1/9	2/9
2	2/9	4/9

X 和 Y 的边际分布列为

X	1	2
p	1/3	2/3
Y	1	2
p	1/3	2/3

因为对任意的 x_i、$y_j(i,j=1,2)$,有 $p(X=x_i,Y=y_j)=p(X=x_i)p(Y=y_j)$,故有放回情形下 X 和 Y 相互独立.

例 3.3.2 例 3.1.3 中 (X,Y) 的联合密度函数为

$$f(x,y)=\begin{cases}8\mathrm{e}^{-(2x+4y)}, & x>0,y>0\\ 0, & \text{其他}\end{cases}.$$

易求 X 和 Y 的边际密度函数为

$$f_X(x)=\begin{cases}2\mathrm{e}^{-2x}, & x>0\\ 0, & \text{其他}\end{cases},\quad f_Y(y)=\begin{cases}4\mathrm{e}^{-4y} & y>0\\ 0, & \text{其他}\end{cases}.$$

容易验证,对任意的实数 x,y,有 $f(x,y)=f_X(x)f_Y(y)$,故 X 和 Y 相互独立.

例 3.3.3 例 3.2.3 中,(X,Y) 的联合密度函数为

$$f(x,y)=\begin{cases}8xy, & 0\leqslant x\leqslant y\leqslant 1\\ 0, & \text{其他}\end{cases}.$$

X 和 Y 的边际密度函数为

$$f_X(x)=\begin{cases}4x(1-x^2), & 0<x<1\\0, & \text{其他}\end{cases}, \quad f_Y(y)=\begin{cases}4y^3, & 0<y<1\\0, & \text{其他}\end{cases}.$$

对于区域 $D=\{(x,y)\,|\,0<y<x<1\}$ 内的任意点 (x_0,y_0),有

$$f(x_0,y_0)=0\neq f_X(x_0)f_Y(y_0)=16x_0(1-x_0^2)y_0^3.$$

故 X 与 Y 不独立.

定理 3.3.3　若二维随机变量 $(X,Y)\sim N(\mu_1,\mu_2,\sigma_1^2,\sigma_2^2,\rho)$,则 X 与 Y 相互独立的充分必要条件为 $\rho=0$.

事实上,由定理 3.2.1 及定义 3.3.3 有

$$\rho=0 \Leftrightarrow \varphi(x,y)=\varphi_X(x)\cdot\varphi_Y(y) \Leftrightarrow X \text{ 与 } Y \text{ 相互独立}.$$

3.4　二维随机变量函数的分布

在前一章中讨论了一维随机变量函数及其分布,本节讨论二维随机变量的函数及其分布.

3.4.1　二维离散型随机变量函数的分布

设 (X,Y) 为二维离散型随机变量,$g(x,y)$ 是一个二元函数,则 $g(X,Y)$ 作为 (X,Y) 的函数是一维随机变量,如果 (X,Y) 得分布列为

$$p_{ij}=p(X=x_i,Y=y_j) \quad (i,j=1,2,\cdots).$$

设 $Z=g(X,Y)$ 的所有可能取值为 $z_k(k=1,2,\cdots)$,则 Z 的分布列为

$$p_k=p(Z=z_k)=p(g(X,Y)=z_k)=\sum_{g(x_i,y_j)=z_k}p(X=x_i,Y=y_j)$$

$$=\sum_{g(x_i,y_j)=z_k}p_{ij} \quad (k=1,2,\cdots).$$

例 3.4.1　设 (X,Y) 的联合分布列为

X ＼ Y	−1	0	2
0	0.1	0.2	0
1	0.3	0.05	0.1
2	0.15	0	0.1

求:(1)$Z_1=X+Y$ 的分布列;(2)$Z_2=XY$ 的分布列;(3)$Z_3=\max\{X,Y\}$ 的分布列.

解　由(X,Y)的联合分布列可知

(X,Y)	$(0,-1)$	$(0,0)$	$(0,2)$	$(1,-1)$	$(1,0)$	$(1,2)$	$(2,-1)$	$(2,0)$	$(2,2)$
p_{ij}	0.1	0.2	0	0.3	0.05	0.1	0.15	0	0.1
$Z_1=X+Y$	-1	0	2	0	1	3	1	2	4
$Z_2=XY$	0	0	0	-1	0	2	-2	0	4
$Z_3=\max\{X,Y\}$	0	0	2	1	1	2	2	2	2

于是(1)　$Z_1=X+Y$ 的分布列为

$Z_1=X+Y$	-1	0	1	3	4
p	0.1	0.5	0.2	0.1	0.1

(2)　$Z_2=XY$ 的分布列为

$Z_2=XY$	-2	-1	0	2	4
p	0.15	0.3	0.35	0.1	0.1

(3)　$Z_3=\max\{X,Y\}$ 的分布列为

$Z_3=\max\{X,Y\}$	0	1	2
p	0.3	0.35	0.35

例 3.4.2　设随机变量 X,Y 分别服从参数为 λ_1,λ_2 的泊松分布,且 X,Y 相互独立,求 $Z=X+Y$ 的分布列.

解
$$p(Z=k) = p(X+Y=k) = \sum_{i=0}^{k} p(X=i, Y=k-i)$$
$$= \sum_{i=0}^{k} p(X=i)p(Y=k-i) = \sum_{i=0}^{k} \frac{\lambda_1^i}{i!}e^{-\lambda_1} \frac{\lambda_2^{k-i}}{(k-i)!}e^{-\lambda_2}$$
$$= e^{-(\lambda_1+\lambda_2)} \frac{1}{k!} \sum_{i=0}^{k} \frac{k!}{i!(k-i)!}\lambda_1^i\lambda_2^{k-i}$$
$$= \frac{(\lambda_1+\lambda_2)^k}{k!}e^{-(\lambda_1+\lambda_2)} \quad (k=0,1,2,\cdots).$$

可见 $Z=X+Y$ 服从参数为$(\lambda_1+\lambda_2)$的泊松分布.

3.4.2　二维连续型随机变量函数的分布

设(X,Y)为二维连续型随机变量,其密度函数为 $f(x,y)$,记 $g(x,y)$ 是一个二元函数,则 $g(X,Y)$ 作为(X,Y)的函数是一维随机变量. 类似于求一元随机变量函

数分布的方法可以求 $Z=g(X,Y)$ 的分布.

先求 Z 的分布函数 $F_Z(s)$:

$$F_Z(s) = p(Z \leqslant s) = p(g(X,Y) \leqslant s) = p((X,Y) \in D_s) = \iint\limits_{D_s} f(x,y)\mathrm{d}x\mathrm{d}y,$$

其中 $D_s = \{(x,y) \,|\, g(x,y) \leqslant s\}$;

再求 Z 的密度函数 $f_Z(s)$,对几乎所有的 s,有 $f_Z(s) = F'_Z(s)$.

以下讨论几种特殊函数的分布的求解.

1. $Z=X+Y$ 的分布

设随机变量 X,Y 的密度函数分别为 $f_X(x)$,$f_Y(y)$,且 X 与 Y 相互独立,则 $Z=X+Y$ 的分布函数为

$$F_Z(s) = p(Z \leqslant s) = p(X+Y \leqslant s) = \iint\limits_{D_s} f_X(x)f_Y(y)\mathrm{d}x\mathrm{d}y,$$

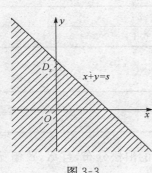

图 3-3

其中 $D_s = \{(x,y) \,|\, x+y \leqslant s\}$,如图 3-3 所示. 于是

$$
\begin{aligned}
F_Z(s) &= \int_{-\infty}^{+\infty}\left[\int_{-\infty}^{s-y} f_X(x)f_Y(y)\mathrm{d}x\right]\mathrm{d}y \\
&= \int_{-\infty}^{+\infty}\left[f_Y(y)\int_{-\infty}^{s-y} f_X(x)\mathrm{d}x\right]\mathrm{d}y \\
&= \int_{-\infty}^{+\infty} F_X(s-y)f_Y(y)\mathrm{d}y,
\end{aligned}
$$

故有 $Z=X+Y$ 的密度函数为

$$f_Z(s) = F'_Z(s) = \int_{-\infty}^{+\infty} f_X(s-y)f_Y(y)\mathrm{d}y.$$

交换积分顺序还可得

$$f_Z(s) = \int_{-\infty}^{+\infty} f_X(x)f_Y(s-x)\mathrm{d}x.$$

以上两个公式通常称为**卷积公式**.

例 3.4.3 设随机变量 X 与 Y 相互独立,且都服从 $N(0,1)$,试求 $Z=X+Y$ 的密度函数.

解 由题意知

$$f_X(x) = \frac{1}{\sqrt{2\pi}}\mathrm{e}^{-\frac{x^2}{2}} \ (-\infty < x < +\infty), \quad f_Y(y) = \frac{1}{\sqrt{2\pi}}\mathrm{e}^{-\frac{y^2}{2}} \ (-\infty < y < +\infty),$$

因此,$Z=X+Y$ 的密度函数为

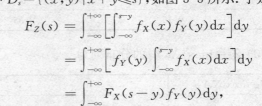

$$f_Z(s) = \int_{-\infty}^{+\infty} f_X(x)f_Y(s-x)\mathrm{d}x = \frac{1}{2\pi}\int_{-\infty}^{+\infty} \mathrm{e}^{-x^2/2}\mathrm{e}^{-(s-x)^2/2}\mathrm{d}x = \frac{1}{2\pi}\mathrm{e}^{-s^2/4}\int_{-\infty}^{+\infty} \mathrm{e}^{-(x-s/2)^2}\mathrm{d}x.$$

令 $t = \sqrt{2}(x-s/2)$,有

$$f_Z(s) = \frac{1}{2\sqrt{\pi}} e^{-s^2/4} \int_{-\infty}^{+\infty} \frac{1}{\sqrt{2\pi}} e^{-t^2/2} \mathrm{d}t = \frac{1}{2\sqrt{\pi}} e^{-s^2/4},$$

所以 $Z = X + Y$ 的密度函数为 $f_Z(s) = \dfrac{1}{2\sqrt{\pi}} e^{-s^2/4}$，即 $Z \sim N(0,2)$.

进一步可以证明以下定理：

定理 3.4.1　若 X 与 Y 相互独立，且 $X \sim N(\mu_1, \sigma_1^2)$、$Y \sim N(\mu_2, \sigma_2^2)$，则
$$Z = X + Y \sim N(\mu_1 + \mu_2, \sigma_1^2 + \sigma_2^2).$$

定理 3.4.2　若 $X_1, X_2, \cdots, X_n$ 相互独立，且 $X_i \sim N(\mu_i, \sigma_i^2)(i=1,2,\cdots,n)$，则
$$Z = \sum_{i=1}^{n} X_i \sim N\left(\sum_{i=1}^{n} \mu_i, \sum_{i=1}^{n} \sigma_i^2\right).$$

定理 3.4.2 表明有限多个相互独立的服从正态分布的随机变量的和仍然服从正态分布.

2. $M = \max\{X, Y\}$ 和 $m = \min\{X, Y\}$ 的分布

设连续型随机变量 X, Y 的分布函数分别为 $F(x), G(y)$，密度函数分别为 $f(x), g(y)$，且 X, Y 相互独立，记 $M = \max\{X, Y\}$，$m = \min\{X, Y\}$.

(1) 设 $M = \max\{X, Y\}$ 的分布函数为 $F_M(s)$，则
$$\begin{aligned} F_M(s) &= p(M \leqslant s) = p(\max\{X, Y\} \leqslant s) = p(X \leqslant s, Y \leqslant s) \\ &= p(X \leqslant s) p(Y \leqslant s) = F(s)G(s), \end{aligned}$$
从而 $M = \max\{X, Y\}$ 的密度函数为
$$f_M(s) = F_M'(s) = f(s)G(s) + g(s)F(s).$$

(2) 设 $m = \min\{X, Y\}$ 的分布函数为 $F_m(t)$，则
$$\begin{aligned} F_m(t) &= p(m \leqslant t) = p(\min\{X, Y\} \leqslant t) = 1 - p(\min\{X, Y\} > t) \\ &= 1 - p(X > t, Y > t) = 1 - p(X > t) p(Y > t) \\ &= 1 - [1 - p(X \leqslant t)][1 - p(Y \leqslant t)] = 1 - [1 - F(t)][1 - G(t)], \end{aligned}$$
从而 $m = \min\{X, Y\}$ 的密度函数为
$$f_m(t) = F_m'(t) = f(t)[1 - G(t)] + g(t)[1 - F(t)].$$

例 3.4.4　在一次拍卖中，甲乙两人竞买一幅名画，拍卖以暗标形式进行，且以最高价成交. 设两人的出价相互独立且均服从 $(1,2)$ 上的均匀分布，求这幅画成交价的密度函数.

解　设甲、乙的出价分别为 X, Y，成交价为 Z，依题意有 $Z = \max\{X, Y\}$，因为 X, Y 均服从 $(1,2)$ 上的均匀分布，所以有 X, Y 的密度函数分别为
$$f_X(x) = \begin{cases} 1, & 1 < x < 2 \\ 0, & \text{其他} \end{cases}, \quad f_Y(y) = \begin{cases} 1, & 1 < y < 2 \\ 0, & \text{其他} \end{cases},$$
易得它们的分布函数分别为

$$F_X(x)=\begin{cases}0, & x\leqslant 1\\ x-1, & 1<x<2, \\ 1, & x\geqslant 1\end{cases} \quad F_Y(y)=\begin{cases}0, & y\leqslant 1\\ y-1, & 1<y<2,\\ 1, & y\geqslant 1\end{cases}$$

则有 $Z=\max\{X,Y\}$ 的密度函数为

$$f_Z(s)=f_X(s)F_Y(s)+f_Y(s)F_X(s)=\begin{cases}2(s-1), & 1<s<2\\ 0, & \text{其他}\end{cases}.$$

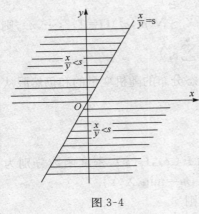

图 3-4

＊3. $Z=X/Y$ 的分布

设 (X,Y) 的联合密度函数为 $f(x,y)$，$Z=X/Y$ 的分布函数为 $F_Z(s)$，密度函数为 $f_Z(s)$. 对任意的 s，令 $D_s=\{(x,y)\mid x/y\leqslant s\}$，如图 3-4 所示，则有

$$F_Z(s)=p(Z\leqslant s)=p(X/Y\leqslant s)$$
$$=\iint\limits_{D_s}f(x,y)\mathrm{d}x\mathrm{d}y$$
$$=\int_0^{+\infty}\left[\int_{-\infty}^{sy}f(x,y)\mathrm{d}x\right]\mathrm{d}y$$
$$+\int_{-\infty}^0\left[\int_{sy}^{+\infty}f(x,y)\mathrm{d}x\right]\mathrm{d}y,$$

于是 $Z=X/Y$ 的密度函数为

$$f_Z(s)=\int_0^{+\infty}yf(sy,y)\mathrm{d}y-\int_{-\infty}^0 yf(sy,y)\mathrm{d}y=\int_{-\infty}^{+\infty}\mid y\mid f(sy,y)\mathrm{d}y.$$

例 3.4.5　设随机变量 X,Y 相互独立，且都服从正态分布 $N(0,\sigma^2)$，求 $Z=X/Y$ 的密度函数.

解　因为 $X\sim N(0,\sigma^2)$，$Y\sim N(0,\sigma^2)$，且 X,Y 相互独立，所以 (X,Y) 的联合密度函数为

$$f(x,y)=\frac{1}{2\pi\sigma^2}\mathrm{e}^{-\frac{x^2+y^2}{2\sigma^2}},$$

故 $Z=X/Y$ 的密度函数

$$f_Z(s)=\int_{-\infty}^{+\infty}\mid y\mid f(sy,y)\mathrm{d}y=\int_{-\infty}^{+\infty}\mid y\mid\frac{1}{2\pi\sigma^2}\mathrm{e}^{\frac{s^2y^2+y^2}{2\sigma^2}}\mathrm{d}y$$
$$=\frac{1}{\pi\sigma^2}\int_0^{+\infty}y\mathrm{e}^{\frac{(s^2+1)y^2}{2\sigma^2}}\mathrm{d}y$$
$$=\frac{1}{\pi(1+s^2)}\quad(-\infty<s<+\infty).$$

*4. $Z=XY$ 的分布

例 3.4.6　设二维随机变量 (X,Y) 在矩形 $G=\{(x,y)\,|\,0\leqslant x\leqslant 2,0\leqslant y\leqslant 1\}$ 上服从均匀分布，试求边长为 X 和 Y 的矩形面积 S 的密度函数 $f(s)$.

解　依题意知 (X,Y) 的联合密度函数为

$$f(x,y)=\begin{cases}\dfrac{1}{2}, & (x,y)\in G\\[2mm] 0, & 其他\end{cases}.$$

设 S 的分布函数为 $F(s)$，则

$$F(s)=p(S\leqslant s)=p(XY\leqslant s)=\iint\limits_{\{(x,y)\,|\,xy\leqslant s\}}f(x,y)\mathrm{d}x\mathrm{d}y.$$

易知，当 $s\leqslant 0$ 时，$F(s)=0$；当 $s\geqslant 2$ 时，$F(s)=1$；而当 $0<s<2$ 时，如图 3-5 所示，有

$$\begin{aligned}F(s)&=\iint\limits_{\{(x,y)\,|\,xy\leqslant s\}}f(x,y)\mathrm{d}x\mathrm{d}y\\ &=1-\frac{1}{2}\int_{s}^{2}\mathrm{d}x\int_{\frac{s}{x}}^{1}\mathrm{d}y\\ &=\frac{s}{2}(1+\ln2-\ln s),\end{aligned}$$

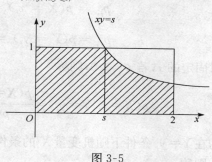

图 3-5

于是有

$$F(s)=\begin{cases}0, & s\leqslant 0\\[2mm] \dfrac{s}{2}(1+\ln2-\ln s), & 0<s<2,\\[2mm] 1, & s\geqslant 2\end{cases}$$

从而 $f(s)=F'(s)=\begin{cases}\dfrac{1}{2}(\ln2-\ln s), & 0<s<2\\[2mm] 0, & 其他\end{cases}.$

*3.5　条　件　分　布

在 3.5 节讨论了随机变量的独立性，事实上，相互独立是随机变量之间的一种特殊的关系，即一个随机变量的任意取值不影响另一随机变量取任意值的概率. 但许多情况下，随机变量之间并不独立，也即随机变量之间存在某种联系，本节将讨论的条件分布，在某种程度上可以刻画随机变量之间的联系.

第 1 章给出了随机事件条件概率的定义：若事件 A 的概率大于零，即 $p(A)>$

0,则事件 A 发生的条件下事件 B 发生的条件概率定义为

$$p(B|A)=\frac{p(AB)}{p(A)}.$$

以事件的条件概率为基础,可以定义随机变量的条件分布.

3.5.1　离散型随机变量的条件分布

定义 3.5.1　设(X,Y)为二维离散型随机变量,其分布列为

$$p_{ij}=p(X=x_i,Y=y_j)\quad(i,j=1,2,\cdots),$$

X 和 Y 的边际分布列分别为

$$p_{i.}=p(X=x_i)=\sum_j p_{ij}\quad(i=1,2,\cdots),$$

$$p_{.j}=p(Y=y_j)=\sum_i p_{ij}\quad(j=1,2,\cdots);$$

对固定的 j,若 $p_{.j}>0$,则称

$$p(X=x_i|Y=y_j)=\frac{p(X=x_i,Y=y_j)}{p(Y=y_j)}=\frac{p_{ij}}{p_{.j}}\quad(i=1,2,\cdots)$$

为在 $Y=y_j$ 条件下随机变量 X 的**条件分布**,简称为**条件分布**. 对固定的 i,若 $p_{i.}>$ 0,则称

$$p(Y=y_j|X=x_i)=\frac{p(X=x_i,Y=y_j)}{p(X=x_i)}=\frac{p_{ij}}{p_{i.}}\quad(j=1,2,\cdots)$$

为在 $X=x_i$ 条件下随机变量 Y 的**条件分布**.

显然,条件分布具有两条性质:

(1) $p(X=x_i|Y=y_j)\geqslant 0\quad(i=1,2,\cdots)$;

(2) $\sum_i p(X=x_i|Y=y_j)=1\quad(j=1,2,\cdots)$.

从而 $p(X=x_i|Y=y_j)\geqslant 0(i=1,2,\cdots)$可以作为分布列,也可以写成表格的形式:

$X|Y=y_j$	x_1	x_2	$\cdots$	x_i	$\cdots$
p	$\dfrac{p_{1j}}{p_{.j}}$	$\dfrac{p_{2j}}{p_{.j}}$	$\cdots$	$\dfrac{p_{ij}}{p_{.j}}$	$\cdots$
$Y|X=x_i$	y_1	y_2	$\cdots$	y_j	$\cdots$
p	$\dfrac{p_{i1}}{p_{i.}}$	$\dfrac{p_{i2}}{p_{i.}}$	$\cdots$	$\dfrac{p_{ij}}{p_{i.}}$	$\cdots$

例 3.5.1 设二维随机变量 (X,Y) 的联合分布列为

X \ Y	−1	0	2
0	0.1	0.2	0
1	0.3	0.05	0.1
2	0.15	0	0.1

求 Y 的条件分布.

解 X 的边际分布列为

X	0	1	2
p	0.3	0.45	0.25

$$p(Y=-1 \mid X=0)=\frac{0.1}{0.3}=\frac{1}{3}, \quad p(Y=0 \mid X=0)=\frac{0.2}{0.3}=\frac{2}{3},$$

$$p(Y=2 \mid X=0)=\frac{0}{0.3}=0,$$

所以, $X=0$ 条件下随机变量 Y 的条件分布为

Y | X=0	−1	0	2
p	1/3	2/3	0

同理可得 $X=1$ 条件下随机变量 Y 的条件分布为

Y | X=1	−1	0	2
p	2/3	1/9	2/9

$X=2$ 条件下随机变量 Y 的条件分布为

Y | X=2	−1	0	2
p	3/5	0	2/5

3.5.2 连续型随机变量的条件密度函数

定义 3.5.2 设二维连续型随机变量 (X,Y) 的联合密度函数为 $f(x,y)$, Y 的边

际密度函数为 $f_Y(y)$. 若 $f(x,y)$ 在点 (x,y) 处连续, $f_Y(y)$ 在 y 处连续, 且 $f_Y(y) > 0$, 则称

$$f_{X|Y}(x|y) = \frac{f(x,y)}{f_Y(y)}$$

为在条件 $Y = y$ 下 X 的**条件密度函数**.

条件密度函数具有两条性质:

(1) $f_{X|Y}(x|y) \geqslant 0$;

(2) $\displaystyle\int_{-\infty}^{+\infty} f_{X|Y}(x|y)\mathrm{d}x = 1.$

类似可得, 在条件 $X = x$ 下 Y 的条件密度函数为

$$f_{Y|X}(y|x) = \frac{f(x,y)}{f_X(x)}.$$

例 3.5.2　设 $(X,Y) \sim N(\mu_1, \mu_2, \sigma_1^2, \sigma_2^2, \rho)$, 求 X 的条件密度函数 $f_{X|Y}(x|y)$.

解　由于 $(X,Y) \sim N(\mu_1, \mu_2, \sigma_1^2, \sigma_2^2, \rho)$, 所以 (X,Y) 的联合密度函数为

$$f(x,y) = \frac{1}{2\pi\sigma_1\sigma_2\sqrt{1-\rho^2}} e^{-\frac{1}{2(1-\rho^2)}\left[\frac{(x-\mu_1)^2}{\sigma_1^2} - 2\rho\frac{(x-\mu_1)(y-\mu_2)}{\sigma_1\sigma_2} + \frac{(y-\mu_2)^2}{\sigma_2^2}\right]} \quad (-\infty < x, y < +\infty).$$

又由 $Y \sim N(\mu_2, \sigma_2^2)$, 可得 Y 的边际密度函数为

$$f_Y(y) = \frac{1}{\sqrt{2\pi}\sigma_2} e^{-\frac{(y-\mu_2)^2}{2\sigma_2^2}} \quad (-\infty < x < +\infty).$$

所以有

$$f_{X|Y}(x|y) = \frac{f(x,y)}{f_Y(y)} = \frac{\dfrac{1}{2\pi\sigma_1\sigma_2\sqrt{1-\rho^2}} e^{-\frac{1}{2(1-\rho^2)}\left[\frac{(x-\mu_1)^2}{\sigma_1^2} - 2\rho\frac{(x-\mu_1)(y-\mu_2)}{\sigma_1\sigma_2} + \frac{(y-\mu_2)^2}{\sigma_2^2}\right]}}{\dfrac{1}{\sqrt{2\pi}\sigma_2} e^{-\frac{(y-\mu_2)^2}{2\sigma_2^2}}}$$

$$= \frac{1}{\sqrt{2\pi}\sigma_1\sqrt{1-\rho^2}} e^{-\frac{1}{2(1-\rho^2)}\left[\frac{x-\mu_1}{\sigma_1} - \rho\frac{y-\mu_2}{\sigma_2}\right]^2}$$

$$= \frac{1}{\sqrt{2\pi}\sigma_1\sqrt{1-\rho^2}} e^{-\frac{1}{2\sigma_1^2(1-\rho^2)}\left\{x - \left[\mu_1 + \rho\frac{\sigma_1}{\sigma_2}(y-\mu_2)\right]\right\}^2},$$

即在 $Y = y$ 的条件下, X 服从正态分布 $N\left(\mu_1 + \rho\dfrac{\sigma_1}{\sigma_2}(y-\mu_2), \sigma_1^2(1-\rho^2)\right)$;

对称地, 在 $X = x$ 的条件下, Y 服从正态分布 $N\left(\mu_2 + \rho\dfrac{\sigma_2}{\sigma_1}(x-\mu_1), \sigma_2^2(1-\rho^2)\right)$.

*3.6 n 维随机向量

前面主要讨论二维随机向量,在实际问题中,人们常常会遇到 $n(n{\geqslant}3)$ 维随机向量,二维随机变量的研究方法可直接推广到 n 维随机向量的研究,类似于二维随机变量,本节给出 n 维随机向量的相关概念.

3.6.1 n 维随机向量及其分布函数

定义 3.6.1 设 $X_1, X_2, \cdots, X_n$ 为定义在同一样本空间 Ω 上的 n 个随机变量,称 n 元组 $(X_1, X_2, \cdots, X_n)$ 为 **n 维随机向量**.

显然,n 维随机向量的取值为 n 元实数组 $(x_1, x_2, \cdots, x_n)$.

定义 3.6.2 设 $(X_1, X_2, \cdots, X_n)$ 为 n 维随机向量,对任意的实数 $x_1, x_2, \cdots, x_n, n$ 元函数

$$F(x_1, x_2, \cdots, x_n) = p(X_1 \leqslant x_1, X_2 \leqslant x_2, \cdots, X_n \leqslant x_n)$$

称为随机向量 $(X_1, X_2, \cdots, X_n)$ 的**联合分布函数**.

定义 3.6.3 设 $F(x_1, x_2, \cdots, x_n)$ 为 n 维随机向量 $(X_1, X_2, \cdots, X_n)$ 的分布函数,函数

$$F_{X_i}(x_i) = F(+\infty, \cdots, x_i, \cdots, +\infty) = p(X_1 < +\infty, \cdots, X_i \leqslant x_i, \cdots, X_n < +\infty)$$

称为关于 X_i(第 i 个分量)的**边际分布函数**$(i=1, 2, \cdots, n)$.

3.6.2 n 维离散型随机向量

定义 3.6.4 设 $(X_1, X_2, \cdots, X_n)$ 为 n 维随机向量,若 $(X_1, X_2, \cdots, X_n)$ 的所有可能取值为有限或可列个,则称 $(X_1, X_2, \cdots, X_n)$ 为 **n 维离散型随机向量**.

$(X_1, X_2, \cdots, X_n)$ 为离散型当且仅当每个 $X_i(i=1, 2, \cdots, n)$ 为离散型.

定义 3.6.5 设 $(X_1, X_2, \cdots, X_n)$ 为 n 维离散型随机向量,X_i 的所有可能取值为 $x_{i1}, x_{i2}, \cdots(i=1, 2, \cdots, n)$,则称 $(X_1, X_2, \cdots, X_n)$ 取 $(x_{1j_1}, x_{2j_2}, \cdots, x_{nj_n})$ 的概率

$$p_{j_1 j_2 \cdots j_n} = p(X_1 = x_{1j_1}, X_2 = x_{2j_2}, \cdots, X_n = x_{nj_n}) \quad (j_k = 1, 2, \cdots; k = 1, 2, \cdots, n)$$

为 n 维离散型随机向量 $(X_1, X_2, \cdots, X_n)$ 的**联合分布列**.

显然有:

(1) 非负性:$p_{j_1 j_2 \cdots j_n} \geqslant 0 \quad (j_k = 1, 2, \cdots; k = 1, 2, \cdots, n)$;

(2) 正则性:$\sum_{j_n} \cdots \sum_{j_2} \sum_{j_1} p_{j_1 j_2 \cdots j_n} = 1$.

3.6.3 n 维连续型随机向量

定义 3.6.6 设 $F(s_1, s_2, \cdots, s_n)$ 为 n 维随机向量 $(X_1, X_2, \cdots, X_n)$ 的分布函数,

若存在 n 元非负函数 $f(s_1, s_2, \cdots, s_n)$,使得对于任意实数 $x_1, x_2, \cdots, x_n$,有

$$F(x_1, x_2, \cdots, x_n) = \int_{-\infty}^{x_n} \cdots \int_{-\infty}^{x_2} \int_{-\infty}^{x_1} f(s_1, s_2, \cdots, s_n) \mathrm{d}s_1 \mathrm{d}s_2 \cdots \mathrm{d}s_n,$$

则称 $(X_1, X_2, \cdots, X_n)$ 为 n 维连续型随机向量,称 $f(x_1, x_2, \cdots, x_n)$ 为 $(X_1, X_2, \cdots, X_n)$ 的**联合密度函数**.

类似二维情形,有

(1) 非负性:$f(x_1, x_2, \cdots, x_n) \geqslant 0$;

(2) 正则性:$\int_{-\infty}^{+\infty} \cdots \int_{-\infty}^{+\infty} \int_{-\infty}^{+\infty} f(x_1, x_2, \cdots, x_n) \mathrm{d}x_1 \mathrm{d}x_2 \cdots \mathrm{d}x_n = 1$.

此外,对于 $\mathbf{R}^n$ 中的任何区域 D,有

$$p((X_1, X_2, \cdots, X_n) \in D) = \int \cdots \iint_D f(x_1, x_2, \cdots, x_n) \mathrm{d}x_1 \mathrm{d}x_2 \cdots \mathrm{d}x_n.$$

3.6.4　n 个随机变量的独立性

定义 3.6.7　设 $F(x_1, x_2, \cdots, x_n)$ 为 n 维随机向量 $(X_1, X_2, \cdots, X_n)$ 的分布函数,$F_{X_i}(x_i)$ 为 $X_i(i=1, 2, \cdots, n)$ 的边际分布函数,若对任意的实数 $x_1, x_2, \cdots, x_n$,有

$$F(x_1, x_2, \cdots, x_n) = F_{X_1}(x_1) F_{X_2}(x_2) \cdots F_{X_n}(x_n),$$

称随机变量 $X_1, X_2, \cdots, X_n$ **相互独立**.

定义 3.6.8　设 $(X_1, X_2, \cdots, X_n)$ 为 n 维离散型随机向量,如果对 $(X_1, X_2, \cdots, X_n)$ 的任意可能取值 $(x_1, x_2, \cdots, x_n)$,有

$$p(X_1 = x_1, X_2 = x_2, \cdots, X_n = x_n) = p(X_1 = x_1) p(X_2 = x_2) \cdots p(X_n = x_n),$$

则称随机变量 $X_1', X_2, \cdots, X_n$ **相互独立**.

定义 3.6.9　设 $f(x_1, x_2, \cdots, x_n)$ 为 n 维连续型随机向量 $(X_1, X_2, \cdots, X_n)$ 的密度函数,$f_{X_i}(x_i)$ 为 $X_i(i=1, 2, \cdots, n)$ 的密度函数,若对 $(X_1, X_2, \cdots, X_n)$ 的任意取值 $(x_1, x_2, \cdots, x_n)$,有

$$f(x_1, x_2, \cdots, x_n) = f_{X_1}(x_1) f_{X_2}(x_2) \cdots f_{X_n}(x_n),$$

则称随机变量 $X_1, X_2, \cdots, X_n$ **相互独立**.

例 3.6.1　设随机变量 $X_1, X_2, \cdots, X_n$ 相互独立,且均服从参数为 $p(0 < p < 1)$ 的两点分布,求随机向量 $(X_1, X_2, \cdots, X_n)$ 的分布列?

解　因为 X_i 服从参数为 p 的两点分布,故 X_i 的分布列为

$$p(X_i = x_i) = p^{x_i}(1-p)^{1-x_i} \quad (x_i = 0, 1, i = 1, 2, \cdots, n).$$

又由独立性可知 $(X_1, X_2, \cdots, X_n)$ 的分布列为

$$p(X_1 = x_1, X_2 = x_2, \cdots, X_n = x_n) = p(X_1 = x_1) p(X_2 = x_2) \cdots p(X_n = x_n)$$

$$= \prod_{i=1}^{n} p^{x_i} (1-p)^{1-x_i} = p^{\sum\limits_{i=1}^{n} x_i} (1-p)^{n-\sum\limits_{i=1}^{n} x_i}.$$

例 3.6.2　设随机变量 $X_1, X_2, \cdots, X_n$ 相互独立，且均服从正态分布 $N(\mu, \sigma^2)$，求随机向量 $(X_1, X_2, \cdots, X_n)$ 的密度函数.

解　因为 $X_i \sim N(\mu, \sigma^2)$，故 X_i 的密度函数为

$$f_{X_i}(x_i) = \frac{1}{\sqrt{2\pi}\sigma} e^{-\frac{(x_i-\mu)^2}{2\sigma^2}} \quad (-\infty < x_i < +\infty, i=1,2,\cdots,n),$$

又由独立性可知 $(X_1, X_2, \cdots, X_n)$ 的密度函数为

$$f(x_1, x_2, \cdots, x_n) = f_{X_1}(x_1) f_{X_2}(x_2) \cdots f_{X_n}(x_n)$$

$$= \prod_{i=1}^{n} \frac{1}{\sqrt{2\pi}\sigma} e^{\frac{(x_i-\mu)^2}{2\sigma^2}} = \left(\frac{1}{\sqrt{2\pi}\sigma}\right)^n e^{-\frac{1}{2\sigma^2}\sum\limits_{i=1}^{n}(x_i-\mu)^2}.$$

习　题　三

A 组

1. 盒子里有 3 只黑球、2 只红球、2 只白球，现从盒中任取 4 只球，以 X 表示取到的黑球个数，Y 表示取到的红球个数，求：

(1) (X, Y) 的联合分布列；

(2) $p(X=0, Y\neq0), p(X=Y)$.

2. 一个箱子共有 100 个灯泡，其中一、二、三等品分别为 80 个、10 个、10 个. 现从中随机抽取一个，记

$$X=\begin{cases}1, & \text{抽到一等品} \\ 0, & \text{其他}\end{cases}, \quad Y=\begin{cases}1, & \text{抽到二等品} \\ 0, & \text{其他}\end{cases}.$$

求 (X, Y) 的联合分布列.

3. 设二维随机变量 (X, Y) 的联合分布函数为

$$F(x, y) = A\left(B+\arctan\frac{x}{2}\right)\left(C+\arctan\frac{y}{3}\right) \quad (-\infty < x, y < +\infty).$$

求：(1) 未知常数 A, B, C；(2) 联合密度函数 $f(x, y)$；(3) $p(0 \leqslant X \leqslant 2, 0 \leqslant Y \leqslant 3)$.

4. 设随机变量 X, Y 均服从 $(0,4)$ 上的均匀分布，且 $p(X \leqslant 3, Y \leqslant 3) = 9/16$，求 $p(X>3, Y>3)$.

5. 求第 1、2 题中关于 X, Y 的边际分布列？

6. 设二维随机变量 (X, Y) 的联合密度函数为

$$f(x, y) = \begin{cases} Ce^{-(2x+3y)}, & x>y>0 \\ 0, & \text{其他} \end{cases}.$$

求：(1) 未知常数 C；(2) $p(0 \leqslant X \leqslant 1, 0 \leqslant Y \leqslant 2), p(X+Y \leqslant 4)$.

7. 求第 3 题中关于 X,Y 的边际分布函数.

8. 求第 6 题中关于 X,Y 的边际密度函数.

9. 设二维随机变量 (X,Y) 的联合密度函数如下:

(1) $f(x,y) = \dfrac{A}{(1+x^2)(1+y^2)}$　$(-\infty < x, y < +\infty)$;

(2) $f(x,y) = \begin{cases} Axy, & 0 < x < 1, 0 < y < 1 \\ 0, & \text{其他} \end{cases}$;

(3) $f(x,y) = \begin{cases} Axy, & 0 < x < y < 1 \\ 0, & \text{其他} \end{cases}$;

(4) $f(x,y) = \begin{cases} Ae^{-y}, & 0 < x < y \\ 0, & \text{其他} \end{cases}$;

求:(1)未知常数 A;(2)关于 X、Y 的边际密度函数.

10. 设二维随机变量 (X,Y) 服从区域 G 上的均匀分布,求关于 X、Y 的边际密度函数? 其中区域 G 为:

(1) $G = \{(x,y) \mid 0 \leqslant x \leqslant 2, 0 \leqslant y \leqslant 1\}$;

(2) $G = \{(x,y) \mid 0 < x < y < 1\}$;

(3) $G = \{(x,y) \mid x^2 + y^2 \leqslant 1\}$.

11. 二维随机变量 (X,Y) 的联合分布列为

X $\diagdown$ Y	2	5	8
0.4	0.15	0.3	0.35
0.8	0.05	0.12	0.03

判断 X、Y 是否独立.

12. 设 (X,Y) 的联合分布列为

X $\diagdown$ Y	1	2	3
1	1/6	1/9	1/18
2	1/3	a	b

问 a,b 取什么值时,X,Y 独立?

13. 判断第 9 题各小题中 X,Y 是否独立.

14. 判断第 10 题各小题中 X,Y 是否独立.

15. 设 (X,Y) 的联合分布列为

X \ Y	−1	0	1
0	0.3	0	0.3
1	0.1	0.2	0.1

求如下随机变量函数的分布列：

(1) $Z=X+Y$；(2) $Z=XY$；(3) $Z=\max\{X,Y\}$；(4) $Z=\min\{X,Y\}$.

16. 二维随机变量(X,Y)的联合密度函数为

$$f(x,y)=\begin{cases}2-x-y, & 0<x<1,0<y<1 \\ 0, & 其他\end{cases},$$

求 $Z=X+Y$ 的密度函数.

17. 设 X,Y 相互独立，且均服从参数为 λ 的指数分布，求 $Z=X+Y$ 的密度函数.

18. 设随机变量 X,Y 相互独立，X 在$(0,1)$上服从均匀分布，Y 服从参数为 $\dfrac{1}{2}$ 的指数分布. 求：$Z_1=\max\{X,Y\},Z_2=\min\{X,Y\}$ 的密度函数.

19. 设(X,Y)的联合分布列为

X \ Y	−1	0	2
0	0.1	0.2	0
1	0.3	0.05	0.1
2	0.15	0	0.1

求：(1)$X=1$ 时，Y 的条件分布；(2)$Y=0$ 时，X 的条件分布；(3)$p(X\leqslant1|Y=-1)$，$p(Y\geqslant0|X=0)$.

20. 求第 9 题各小题的条件密度函数 $f_{X|Y}(x|y)$，$f_{Y|X}(y|x)$.

21. 设随机变量 $X_1,X_2,\cdots,X_n$ 独立同分布. 求随机向量$(X_1,X_2,\cdots,X_n)$的联合分布列，其中 X_1 的分布为：

(1) 二项分布 $b(n,p)$；

(2) 参数为 λ 的泊松分布；

(3) 上的均匀分布 $U(a,b)$；

(4) 参数为 λ 的指数分布.

22. 设 $X_1,X_2,\cdots,X_n$ 相互独立，分布函数分别为 $F_{X_i}(x_i)(i=1,2,\cdots,n)$. 求 $M=\max\{X_1,X_2,\cdots,X_n\}$ 及 $N=\min\{X_1,X_2,\cdots,X_n\}$的联合分布函数.

B 组

1. 随机地在 1,2,3,4 中任取一数,记为 X;再从 1 到 X 之间随机地任取一数,记为 Y,求 (X,Y) 的联合分布列.

2. 设二维随机变量 (X,Y) 服从区域 $G=\{(x,y)|0\leqslant x\leqslant 2,0\leqslant y\leqslant 1\}$ 上的均匀分布,求 (X,Y) 的联合分布函数.

3. 设 X,Y 具有相同的分布列,其分布列为

X	-1	0	1
p	1/4	1/2	1/4

且 $p(XY=0)=1$,求:(1) (X,Y) 的联合分布列;(2) $p(X=Y)$.

4. 从 1,2,3,4,5 五个数中任取 3 数,记 X 为取出的 3 个数中最小的数,Y 为取出的 3 个数中最大的数.

(1)求 (X,Y) 的联合分布列;(2)判断 X,Y 是否独立.

5. 某仪器由两个电子部件组成,记 X,Y 为这两个电子部件的寿命(单位:kW·h),已知二维随机变量 (X,Y) 的联合分布函数为

$$F(x,y)=\begin{cases}1-\mathrm{e}^{-0.5x}-\mathrm{e}^{-0.5y}+\mathrm{e}^{-0.5(x+y)}, & x,y>0\\ 0, & \text{其他}\end{cases}$$

求:(1)关于 X,Y 的边际分布函数;(2)判断 X,Y 是否独立;(3)两个部件的寿命都超过 100h 的概率.

6. 设 X,Y 相互独立,且都服从参数 $p=2/3$ 的两点分布,记 $U=\max\{X,Y\}$,$V=\min\{X,Y\}$,求 (U,V) 的联合分布列.

7. 设 $X\sim b(n,p)$,$Y\sim b(m,p)$,且 X,Y 相互独立,求 $Z=X+Y$ 的分布列.

8. 二维随机变量 (X,Y) 的联合密度函数为

$$f(x,y)=\begin{cases}x\mathrm{e}^{-x(1+y)}, & x>0,y>0\\ 0, & \text{其他}\end{cases},$$

求 $Z=XY$ 的密度函数.

9. 随机变量 X,Y 分别表示不同电子器件的寿命(单位:h),并设 X,Y 相互独立,且都服从相同的分布,密度函数为

$$f(x)=\begin{cases}\dfrac{1000}{x^2}, & x>1000\\ 0, & \text{其他}\end{cases}.$$

求 $Z=X/Y$ 的密度函数.

10. 设 (X,Y) 的联合分布列为

X \ Y	0	1
0	2/25	b
1	a	3/25
2	1/25	2/25

且 $p(Y=1|X=0)=3/5$. (1) 求未知常数 a,b；(2)判断 X,Y 是否独立.

11. 设随机变量 X 服从 $(0,2)$ 上的均匀分布，而 Y 服从 $(X,2)$ 上的均匀分布. 求：(1)(X,Y) 的联合概率密度；(2)Y 的边际密度；(3)$p(X+Y<2)$.

12. 随机变量 X 表示医院一天出生的婴儿个数，Y 表示医院一天出生的男婴个数，(X,Y) 的联合分布列为

$$p(X=n,Y=m)=\frac{\mathrm{e}^{-14}7.14^m\,6.86^{n-m}}{n!\,(n-m)!}\quad(n=0,1,2,\cdots,m=0,1,2,\cdots,n).$$

求：(1)$p(X=n|Y=m),p(Y=m|X=n)$；(2)$p(X=n|Y=20),p(Y=m|X=20)$.

第 4 章　随机变量的数字特征

随机变量的分布函数是对随机变量概率性质的完整刻画. 但在许多实际问题中, 随机变量的分布函数不容易确定; 此外, 许多情况下, 人们只对随机变量的某些特征指标感兴趣, 一般称这些特征指标为随机变量的数字特征. 随机变量的数字特征虽不像概率分布那样完整地描述了随机变量的统计规律, 但它能反映随机变量某些方面的统计特性. 本章将介绍常用的随机变量的数字特征: 数学期望、方差、协方差、相关系数; 体现大量独立重复试验下结果稳定性的大数定理; 展示多个独立随机变量之和的分布呈现正态分布特征的中心极限定理.

4.1　随机变量的数学期望

4.1.1　离散型随机变量的数学期望

为了描述一组事物的大致情况, 经常使用"平均值"这个概念.

例如, 全班 40 名同学, 其年龄与人数统计如下:

年龄	18	19	20	21	$\sum$
人数	5	15	15	5	40

该班同学的平均年龄为

$$\bar{a}=\frac{18\times5+19\times15+20\times15+21\times5}{40}=18\times\frac{5}{40}+19\times\frac{15}{40}+20\times\frac{15}{40}+21\times\frac{5}{40}=19.5.$$

这实际上是以各年龄出现的频率为权的加权平均.

对于一个随机变量 X 所取的值也有同样的问题. 时常会问: 随机变量 X 平均取什么值? 人们通常将随机变量 X 的各个取值的概率作为权数, 用它们的加权平均来度量随机变量 X 的平均值.

于是, 引入下面的定义:

定义 4.1.1　设离散型随机变量 X 的概率分布为

$$p(X=x_i)=p_i \quad (i=1,2,\cdots).$$

当 $\sum\limits_{i=1}^{+\infty}|x_i|p_i<+\infty$ 时, 称 $\sum\limits_{i=1}^{+\infty}x_ip_i$ 为随机变量 X 的**数学期望**(简称**期望**), 也称为 X 的**均值**, 记为 $E(X)$, 即

$$E(X) = \sum_{i=1}^{+\infty} x_i p_i ;$$

若级数 $\sum_{i=1}^{+\infty} x_i p_i$ 不绝对收敛,则称随机变量 X 的数学期望不存在.

例 4.1.1　对甲、乙两个品牌的手表测量 24h 内的走时误差(单位:s),设 X 为甲的误差,Y 为乙的误差. 相应的概率分布如下:

X	-2	-1	0	1	2
p	0.05	0.2	0.5	0.2	0.05
Y	-2	-1	0	1	2
p	0.05	0.15	0.6	0.15	0.05

问哪一个品牌的手表平均走时更准?

解　由于

$E(X) = (-2) \times 0.05 + (-1) \times 0.2 + 0 \times 0.5 + 1 \times 0.2 + 2 \times 0.05 = 0(\mathrm{s})$,

$E(Y) = (-2) \times 0.05 + (-1) \times 0.15 + 0 \times 0.6 + 1 \times 0.15 + 2 \times 0.05 = 0(\mathrm{s})$,

所以,甲品牌的手表平均走时和乙品牌的手表一样准确.

4.1.2　连续型随机变量的数学期望

若 X 为连续型随机变量,其密度函数为 $f(x)$,由积分中值定理知道随机变量 X 落入 $(x_k, x_k + \Delta x_k)$ 内的概率近似等于 $f(x_k) \Delta x_k$,它与离散型随机变量的 p_k 类似. 利用定积分的思想,对连续型随机变量的数学期望作如下定义:

定义 4.1.2　设连续型随机变量 X 的密度函数为 $f(x)$,如果 $\int_{-\infty}^{+\infty} |x| f(x) \mathrm{d}x < +\infty$,则称 $\int_{-\infty}^{+\infty} x f(x) \mathrm{d}x$ 为随机变量 X 的**数学期望**(简称**期望**),也称 X 的**均值**,记为 $E(X)$,即

$$E(X) = \int_{-\infty}^{+\infty} x f(x) \mathrm{d}x ;$$

若级数 $\int_{-\infty}^{+\infty} x f(x) \mathrm{d}x$ 不绝对收敛,则称随机变量 X 的数学期望不存在.

例 4.1.2　设随机变量 X 的密度函数为

$$f(x) = \begin{cases} x, & 0 \leqslant x < 1 \\ 2-x, & 1 \leqslant x \leqslant 2, \\ 0, & \text{其他} \end{cases}$$

求 X 的数学期望.

解　根据数学期望的定义得

$$E(X) = \int_{-\infty}^{+\infty} xf(x)\mathrm{d}x = \int_{-\infty}^{0} x \cdot 0\mathrm{d}x + \int_{0}^{1} x \cdot x\mathrm{d}x + \int_{1}^{2} x(2-x)\mathrm{d}x + \int_{2}^{+\infty} x \cdot 0\mathrm{d}x$$

$$= \int_{0}^{1} x^2 \mathrm{d}x + \int_{1}^{2} x(2-x)\mathrm{d}x = 1.$$

例 4.1.3　设随机变量 $X \sim N(\mu, \sigma^2)$，其密度函数为

$$f(x) = \frac{1}{\sqrt{2\pi}\sigma} \mathrm{e}^{-\frac{(x-\mu)^2}{2\sigma^2}} \quad (-\infty < x < +\infty),$$

求 X 的数学期望.

解　$E(X) = \int_{-\infty}^{+\infty} xf(x)\mathrm{d}x = \int_{-\infty}^{+\infty} x \frac{1}{\sqrt{2\pi}\sigma} \mathrm{e}^{-\frac{(x-\mu)^2}{2\sigma^2}} \mathrm{d}x.$

令 $y = \dfrac{x-\mu}{\sigma}$ 并由 $\dfrac{1}{\sqrt{2\pi}} \int_{-\infty}^{+\infty} \mathrm{e}^{-\frac{r^2}{2}} \mathrm{d}r = 1$ 有

$$E(X) = \int_{-\infty}^{+\infty} \frac{(y\sigma + \mu)}{\sqrt{2\pi}} \mathrm{e}^{-\frac{y^2}{2}} \mathrm{d}y = \frac{\sigma}{\sqrt{2\pi}} \int_{-\infty}^{+\infty} y\mathrm{e}^{-\frac{y^2}{2}} \mathrm{d}y + \frac{\mu}{\sqrt{2\pi}} \int_{-\infty}^{+\infty} \mathrm{e}^{-\frac{y^2}{2}} \mathrm{d}y = \mu.$$

4.1.3　随机变量函数的数学期望

若随机变量 Y 与 X 之间存在函数关系 $Y = g(X)$，要求 $E(Y)$，可考虑先求出 Y 的分布，再利用数学期望的定义进行计算. 例如，在例 4.1.1 中，要计算 $Z = X^2$ 的数学期望，可由随机变量 X 的分布得到随机变量 Z 的分布

Z	0	1	4
p	0.5	0.2+0.2	0.05+0.05

再利用定义可得

$E(Z) = 0 \times 0.5 + 1 \times (0.2 + 0.2) + 4 \times (0.05 + 0.05)$

$\qquad = (-2)^2 \times 0.05 + (-1)^2 \times 0.2 + 0^2 \times 0.5 + 1^2 \times 0.2 + 2^2 \times 0.05 = 0.8,$

即 $E(Z) = \sum\limits_{i=1}^{+\infty} x_i^2 p_i$. 也就是说，$Z = X^2$ 的数学期望可以通过 X 的分布求得.

一般地，有如下结论成立.

定理 4.1.1　设 $y = g(x)$ 为 x 的连续函数

(1) 若 X 为离散型随机变量，其分布列为

$$p(X = x_i) = p_i \quad (i = 1, 2, \cdots),$$

且 $\sum\limits_{i=1}^{+\infty} |g(x_i)| p_i < +\infty$，则有

$$E(Y) = E[g(X)] = \sum\limits_{i=1}^{+\infty} g(x_i) p_i;$$

(2) 若 X 为连续型随机变量，其密度函数为 $f(x)$，且 $\int_{-\infty}^{+\infty} |g(x)| f(x)\mathrm{d}x <$

$+\infty$, 则有

$$E(Y) = E[g(X)] = \int_{-\infty}^{+\infty} g(x) f(x) \mathrm{d}x.$$

定理证明略. 该定理提供了计算随机变量 X 的函数 $Y = g(X)$ 的期望的一个简便方法, 即不需要先计算 Y 的分布, 只需直接利用 X 的分布即可.

该定理还可以推广到两个或多个随机变量的情况.

定理 4.1.2 设 $z = g(x, y)$ 为连续函数

(1) 若 (X, Y) 为二维离散型随机变量, 其联合分布列为

$$p_{ij} = p(X = x_i, Y = y_j) \quad (i, j = 1, 2, \cdots),$$

且 $\sum\limits_{i=1}^{+\infty} \sum\limits_{j=1}^{+\infty} |g(x_i, y_j)| p_{ij} < +\infty$, 则有

$$E(Z) = E[g(X, Y)] = \sum_{i=1}^{+\infty} \sum_{j=1}^{+\infty} g(x_i, y_j) p_{ij};$$

(2) 若 (X, Y) 为二维连续型随机变量, 其联合密度函数为 $f(x, y)$, 且

$$\int_{-\infty}^{+\infty} \int_{-\infty}^{+\infty} |g(x, y)| f(x, y) \mathrm{d}x \mathrm{d}y < +\infty,$$

则有

$$E(Z) = E[g(X, Y)] = \int_{-\infty}^{+\infty} \int_{-\infty}^{+\infty} g(x, y) f(x, y) \mathrm{d}x \mathrm{d}y.$$

特别地, 当 $g(X, Y) = X$ 或 $g(X, Y) = Y$ 时, 有如下结论:

(1) 若 (X, Y) 为二维离散型随机变量, 其联合分布列为

$$p_{ij} = p(X = x_i, Y = y_j) \quad (i, j = 1, 2, \cdots),$$

则有

$$E(X) = \sum_{i=1}^{+\infty} \sum_{j=1}^{+\infty} x_i p_{ij} = \sum_{i=1}^{+\infty} x_i p_{i\cdot},$$

$$E(Y) = \sum_{j=1}^{+\infty} \sum_{i=1}^{+\infty} y_j p_{ij} = \sum_{j=1}^{+\infty} y_j p_{\cdot j}.$$

(2) 若 (X, Y) 为二维连续型随机变量, 其联合密度函数为 $f(x, y)$, 则有

$$E(X) = \int_{-\infty}^{+\infty} \int_{-\infty}^{+\infty} x f(x, y) \mathrm{d}x \mathrm{d}y = \int_{-\infty}^{+\infty} x f_X(x) \mathrm{d}x,$$

$$E(Y) = \int_{-\infty}^{+\infty} \int_{-\infty}^{+\infty} y f(x, y) \mathrm{d}x \mathrm{d}y = \int_{-\infty}^{+\infty} y f_Y(y) \mathrm{d}y.$$

例 4.1.4 已知二维离散型随机变量 (X, Y) 的联合分布列为

X \ Y	-2	-1	1	2
1	0	$\dfrac{1}{4}$	$\dfrac{1}{4}$	0
4	$\dfrac{1}{4}$	0	0	$\dfrac{1}{4}$

求 $E(X),E(Y)$.

解 $E(X)=1\times\left(0+\dfrac{1}{4}+\dfrac{1}{4}+0\right)+4\times\left(\dfrac{1}{4}+0+0+\dfrac{1}{4}\right)=\dfrac{5}{2}$,

$E(Y)=-2\times\left(0+\dfrac{1}{4}\right)+(-1)\times\left(\dfrac{1}{4}+0\right)+1\times\left(\dfrac{1}{4}+0\right)+2\times\left(0+\dfrac{1}{4}\right)=0$.

例 4.1.5 设二维随机变量(X,Y)的联合密度函数为

$$f(x,y)=\begin{cases}\dfrac{1}{3}(x+y), & 0<x<1,0<y<2,\\ 0, & \text{其他}\end{cases},$$

求 $E(X),E(Y),E(XY)$.

解 由公式有

$$E(X)=\int_{-\infty}^{+\infty}\int_{-\infty}^{+\infty}xf(x,y)\mathrm{d}x\mathrm{d}y=\int_0^1\int_0^2\frac{1}{3}(x^2+xy)\mathrm{d}x\mathrm{d}y=\frac{5}{9},$$

$$E(Y)=\int_{-\infty}^{+\infty}\int_{-\infty}^{+\infty}yf(x,y)\mathrm{d}x\mathrm{d}y=\int_0^1\int_0^2\frac{1}{3}(xy+y^2)\mathrm{d}x\mathrm{d}y=\frac{11}{9},$$

$$E(XY)=\int_{-\infty}^{+\infty}\int_{-\infty}^{+\infty}xyf(x,y)\mathrm{d}x\mathrm{d}y=\int_0^1\int_0^2\frac{1}{3}(x^2y+xy^2)\mathrm{d}x\mathrm{d}y=\frac{2}{3}.$$

例 4.1.6 某公司计划开拓一种新产品市场,并试图确定产品产量,估计售出一件产品可获利 m 元,积压一件产品损失 n 元,他们预测产品销售量 $Y\sim E(\lambda)$. 问要使得获得利润的数学期望达到最大应生产多少产品$(m,n,\lambda$ 已知$)$?

解 设生产产品 x 件,则获利 Q 是 x 的函数

$$Q=Q(x)=\begin{cases}mY-n(x-Y), & 0<Y<x,\\ mx, & Y>x\end{cases},$$

则

$$E(Q)=\int_0^{+\infty}Qf(y)\mathrm{d}y=\int_0^x[my-n(x-y)]\lambda\mathrm{e}^{-\lambda y}\mathrm{d}y+\int_x^{+\infty}mx\lambda\mathrm{e}^{-\lambda y}\mathrm{d}y$$

$$=(m+n)\frac{1}{\lambda}-(m+n)\frac{1}{\lambda}\mathrm{e}^{-\lambda x}-nx.$$

令$\dfrac{\mathrm{d}E(Q)}{\mathrm{d}x}=(m+n)\mathrm{e}^{-\lambda x}-n=0$,即 $x=-\dfrac{1}{\lambda}\ln\dfrac{n}{m+n}$. 又因$\dfrac{\mathrm{d}^2E(Q)}{\mathrm{d}x^2}=-\lambda(m+n)$

$\mathrm{e}^{-\lambda x}<0$. 故当 $x=-\dfrac{1}{\lambda}\ln\dfrac{n}{m+n}$时 $E(Q)$达到最大值.

4.1.4 数学期望的性质

在以后的讨论中,除特别说明外均假设所提到的随机变量的数学期望存在. 以下给出随机变量的数学期望的性质,并对连续的情形给予证明.

(1) $E(a)=a$;

(2) $E(aX)=aE(X)$;

(3) $E(X\pm Y)=E(X)\pm E(Y)$;

(4) 当 X 与 Y 独立时, $E(XY)=E(X)E(Y)$.

以上 a,b 均为常数.

证明　设连续型随机变量 X 的密度函数为 $f(x)$

(1) 令 $a=g(x)$, 则 $E(a)=E(g(x))=\displaystyle\int_{-\infty}^{+\infty}af(x)\mathrm{d}x=a\int_{-\infty}^{+\infty}f(x)\mathrm{d}x=a$.

(2) $E(aX)=\displaystyle\int_{-\infty}^{+\infty}axf(x)\mathrm{d}x=a\int_{-\infty}^{+\infty}xf(x)\mathrm{d}x=aE(X)$.

(3) $E(X\pm Y)=\displaystyle\int_{-\infty}^{+\infty}\int_{-\infty}^{+\infty}(x\pm y)f(x,y)\mathrm{d}x\mathrm{d}y$

$$=\int_{-\infty}^{+\infty}\int_{-\infty}^{+\infty}xf(x,y)\mathrm{d}x\mathrm{d}y\pm\int_{-\infty}^{+\infty}\int_{-\infty}^{+\infty}yf(x,y)\mathrm{d}x\mathrm{d}y.$$

$$=E(X)\pm E(Y).$$

(4) 由于 X 与 Y 独立, 所以有 $f(x,y)=f_X(x)f_Y(y)$, 故

$$E(XY)=\int_{-\infty}^{+\infty}\int_{-\infty}^{+\infty}xyf(x,y)\mathrm{d}x\mathrm{d}y=\int_{-\infty}^{+\infty}\int_{-\infty}^{+\infty}xyf_X(x)f_Y(y)\mathrm{d}x\mathrm{d}y$$

$$=\int_{-\infty}^{+\infty}xf_X(x)\mathrm{d}x\int_{-\infty}^{+\infty}yf_Y(y)\mathrm{d}y=E(X)E(Y).$$

注: (3)、(4) 可以推广到多个随机变量的情形. 即

对随机变量 $X_1,\cdots,X_n$, 有

$$E(X_1+\cdots+X_n)=E(X_1)+\cdots+E(X_n).$$

若随机变量 $X_1,\cdots,X_n$ 独立, 则有

$$E(X_1\cdots X_n)=E(X_1)\cdots E(X_n).$$

例 4.1.7　一民航送客车载有 20 名乘客自机场开出, 沿途共有 10 个车站. 若到站时没有乘客下车就不停车. 若每位乘客在各个车站下车是等可能的, 并且各位旅客是否下车相互独立. 以 X 表示停车次数. 求 $E(X)$.

解　引入随机变量 $X_i(i=1,\cdots,10)$, $X_i=0$ 表示第 i 站没有人下车, $X_i=1$ 表示第 i 站有人下车, 则 $X=X_1+\cdots+X_{10}$.

由题意知, 任一旅客在第 i 站不下车的概率为 $\dfrac{9}{10}$, 因此第 i 站无人下车的概率是 $\left(\dfrac{9}{10}\right)^{20}$, 也就是第 i 站有人下车的概率是 $1-\left(\dfrac{9}{10}\right)^{20}$. 即

$$p(X_i=0)=\left(\frac{9}{10}\right)^{20},\quad p(X_i=1)=1-\left(\frac{9}{10}\right)^{20},\quad (i=1,\cdots,10).$$

因此, $E(X_i)=1-\left(\dfrac{9}{10}\right)^{20}$, 进而

$$E(X) = E(X_1) + \cdots + E(X_{10}) = 10 \times \left[1 - \left(\frac{9}{10} \right)^{20} \right] \approx 8.784.$$

4.2　随机变量的方差

4.2.1　方差的概念

均值是随机变量的一个重要数字特征,它体现了随机变量平均取值的大小,但有时只知道均值是不够的,还应该知道随机变量的取值在均值周围变化的情况. 如在例4.1.1中,要评价两个品牌的手表哪一个质量更好时,由于平均走时误差一样,所以仅靠数学期望无法判断哪一个品牌的质量更好. 这时就需要使用其他数字特征来进行评价.

定义 4.2.1　设 X 是一个随机变量. 若 $E[X-E(X)]^2$ 存在,则称 $E[X-E(X)]^2$ 为随机变量 X 的**方差**,记为 $D(X)$ 或 $\mathrm{Var}(X)$,并称 $\sqrt{D(X)}$ 为 X 的**标准差**,记为 σ_X.

注:(1) 方差体现了随机变量取值在其均值附近的分散情况. 其值越小说明随机变量的取值越集中. 若随机变量体现的是产品的某一质量指标,方差越小说明产品质量越稳定. 反之说明产品质量不稳定;

(2) 方差是一个非负实数;

(3) 由于标准差 σ_X 与 X 有相同的量纲,所以实践工作者习惯于用标准差代替方差对随机变量进行研究.

例 4.2.1　在例4.1.1中哪个品牌的手表质量要好?

解　由于 $E(X) = E(Y) = 0$,故在平均意义下两个品牌的手表没有差别. 但是

$$D(X) = [(-2) - 0]^2 \times 0.05 + [(-1) - 0]^2 \times 0.2 + (0-0)^2 \times 0.5$$
$$+ (1-0)^2 \times 0.2 + (2-0)^2 \times 0.05 = 0.8,$$
$$D(Y) = [(-2) - 0]^2 \times 0.05 + [(-1) - 0]^2 \times 0.15 + (0-0)^2 \times 0.6$$
$$+ (1-0)^2 \times 0.15 + (2-0)^2 \times 0.05 = 0.7,$$

所以 $D(Y) < D(X)$,故认为乙品牌的手表质量比甲品牌的手表质量更稳定.

例 4.2.2　设随机变量 $X \sim N(\mu, \sigma^2)$,其密度函数为

$$f(x) = \frac{1}{\sqrt{2\pi}\sigma} \mathrm{e}^{-\frac{(x-\mu)^2}{2\sigma^2}} \quad (-\infty < x < +\infty),$$

求 $D(X)$.

解　$D(X) = \int_{-\infty}^{+\infty} [x - E(X)]^2 f(x) \mathrm{d}x = \int_{-\infty}^{+\infty} (x-\mu)^2 \frac{1}{\sqrt{2\pi}} \mathrm{e}^{-\frac{(x-\mu)^2}{2\sigma^2}} \mathrm{d}x.$

令 $y = \dfrac{x-\mu}{\sigma}$,则有

$$D(X) = \frac{\sigma^2}{\sqrt{2\pi}} \int_{-\infty}^{+\infty} y^2 e^{-\frac{y^2}{2}} dy = \frac{\sigma^2}{\sqrt{2\pi}} \left(-ye^{-\frac{y^2}{2}} \Big|_{-\infty}^{+\infty} + \int_{-\infty}^{+\infty} e^{-\frac{y^2}{2}} dy \right) = \sigma^2.$$

4.2.2　方差的性质

由数学期望的性质及方差的定义,容易知方差有如下性质:

(1) $D(a) = 0$;

(2) $D(aX) = a^2 D(X)$;

(3) $D(X) = E(X^2) - [E(X)]^2$;

(4) 当 X 与 Y 独立时,$D(X+Y) = D(X) + D(Y)$.

其中 a 为常数. 以下仅对(3)、(4)加以证明.

证明　(3) $D(X) = E[X - E(X)]^2 = E\{X^2 - 2X \cdot E(X) + [E(X)]^2\}$

$\qquad\qquad\qquad = E(X^2) - E[2X \cdot E(X)] + E[E(X)]^2$

$\qquad\qquad\qquad = E(X^2) - 2E(X) \cdot E(X) + [E(X)]^2$

$\qquad\qquad\qquad = E(X^2) - [E(X)]^2.$

(4) $D(X+Y) = E[(X+Y) - E(X+Y)]^2 = E\{[X - E(X)] + [Y - E(Y)]\}^2$

$\qquad\qquad = E\{[X - E(X)]^2 + [Y - E(Y)]^2 + 2[X - E(X)][Y - E(Y)]\}$

$\qquad\qquad = E[X - E(X)]^2 + E[Y - E(Y)]^2 + E\{2[X - E(X)][Y - E(Y)]\}$

$\qquad\qquad = D(X) + D(Y) + 2E[X - E(X)][Y - E(Y)].$

由于 X 与 Y 独立,所以

$$E(XY) = E(X)E(Y),$$
$$E[X - E(X)][Y - E(Y)] = E[XY - XE(Y) - YE(X) + E(X)E(Y)]$$
$$= E(XY) - E(X)E(Y) = 0.$$

所以 $D(X+Y) = D(X) + D(Y)$.

例 4.2.3　求例 4.1.2 中随机变量的方差.

解　利用方差性质(4),由前知 $E(X) = 1$,以下计算 $E(X^2)$:

$$E(X^2) = \int_{-\infty}^{+\infty} x^2 f(x) dx = \int_{-\infty}^{0} x^2 \cdot 0 dx + \int_{0}^{1} x^2 \cdot x dx + \int_{1}^{2} x^2 (2-x) dx + \int_{2}^{+\infty} x^2 \cdot 0 dx$$

$$= \int_{0}^{1} x^3 dx + \int_{1}^{2} x^2 (2-x) dx = \frac{7}{6},$$

所以

$$D(X) = E(X^2) - [E(X)]^2 = \frac{7}{6} - 1 = \frac{1}{6}.$$

定理 4.2.1(切比雪夫不等式)　设随机变量 X 的期望和方差均存在,则对任意 $\varepsilon > 0$,有

$$p(|X-E(X)|\geqslant\varepsilon)\leqslant\frac{D(X)}{\varepsilon^2},$$

其等价形式为

$$p(|X-E(X)|\leqslant\varepsilon)\geqslant1-\frac{D(X)}{\varepsilon^2}.$$

证明(仅对连续型随机变量的情形给出证明,离散型随机变量类似证明)　设随机变量 X 的密度函数为 $f(x)$,则对任 $\varepsilon>0$,由有 $|X-E(X)|\geqslant\varepsilon$,有 $\dfrac{[X-E(X)]^2}{\varepsilon^2}\geqslant1$,故

$$p(|X-E(X)|\geqslant\varepsilon)=\int_{|X-E(X)|\geqslant\varepsilon}f(x)\mathrm{d}x\leqslant\int_{|X-E(X)|\geqslant\varepsilon}\frac{[X-E(X)]^2}{\varepsilon^2}f(x)\mathrm{d}x$$

$$\leqslant\frac{1}{\varepsilon^2}\int_{-\infty}^{+\infty}(X-E(X))^2f(x)\mathrm{d}x=\frac{D(X)}{\varepsilon^2}.$$

例 4.2.4　某种农作物,平均亩产量是 412 斤(1 斤=0.5 千克),产量的标准差 $\sqrt{D(X)}=16$ 斤. 试估计亩产量偏差不小于 47 斤的概率.

解　由切比雪夫不等式有

$$p(|X-412|\geqslant47)\leqslant\frac{16^2}{47^2}\approx0.12,$$

即亩产量与 412 斤偏差不小于 47 斤的概率不超过 0.12.

表 4-1 给出常用分布的数学期望与方差.

表 4-1

分布	概率分布或密度函数	数学期望	方差
两点分布	$p(X=k)=p^k(1-p)^{1-k}$ $(k=0,1)$	p	$1-p$
二项分布 $b(n,p)$	$p(X=k)=C_n^kp^k(1-p)^{n-k}$ $(k=0,1,\cdots,n)$	np	$np(1-p)$
泊松分布 $P(\lambda)$	$p(X=k)=\dfrac{\lambda^k}{k!}\mathrm{e}^{-\lambda}$　$(k=0,1,\cdots)$	λ	λ
几何分布 $Ge(p)$	$p(X=k)=(1-p)^{k-1}p$ $(k=1,2,\cdots)$	$\dfrac{1}{p}$	$\dfrac{1-p}{p^2}$
超几何分布 $h(n,N,M)$	$p(X=k)=\dfrac{C_M^kC_{N-M}^{n-k}}{C_N^n}$ $(k=0,1,\cdots,\min\{M,n\})$	$\dfrac{nM}{N}$	$\dfrac{nM(N-M)(N-n)}{N^2(N-1)}$

续表

分布	概率分布或密度函数	数学期望	方差
均匀分布 $U(a,b)$	$f(x)=\begin{cases}\dfrac{1}{b-a}, & a<x<b \\ 0, & \text{其他}\end{cases}$	$\dfrac{a+b}{2}$	$\dfrac{(b-a)^2}{12}$
指数分布 $E(\lambda)$	$f(x)=\begin{cases}\lambda\mathrm{e}^{-\lambda x}, & x>0 \\ 0, & x\leqslant 0\end{cases}$	$\dfrac{1}{\lambda}$	$\dfrac{1}{\lambda^2}$
正态分布 $N(\mu,\sigma^2)$	$f(x)=\dfrac{1}{\sqrt{2\pi}\sigma}\mathrm{e}^{-\frac{(x-\mu)^2}{2\sigma^2}}$	μ	σ^2

4.3　协方差与相关系数

4.3.1　协方差

数学期望反映了随机变量的平均值,方差反映了随机变量偏离平均值的程度.对于二维随机变量 (X,Y) 来说,数学期望与方差对 X 与 Y 之间的关系并没有提供任何信息.需引入描述随机变量 X 与 Y 之间关系的数字特征.

当随机变量 X,Y 独立时,由 4.2 节可知 $E[X-E(X)][Y-E(Y)]=0$,即 $E[X-E(X)][Y-E(Y)]\neq 0$,则 X 与 Y 不独立.这说明 $E[X-E(X)][Y-E(Y)]$ 的值在一定程度上反映了随机变量 X 与 Y 间的关系.

定义 4.3.1　设 (X,Y) 为二维随机变量,如果 $E[X-E(X)][Y-E(Y)]$ 存在,则称该数学期望为随机变量 X 与 Y 的**协方差**,记为 $\mathrm{Cov}(X,Y)$,即

$$\mathrm{Cov}(X,Y)=E[X-E(X)][Y-E(Y)].$$

从协方差定义可以看出,它是 X 的偏差 $[X-E(X)]$ 与 Y 的偏差 $[Y-E(Y)]$ 的乘积的数学期望,由于偏差可正可负,故协方差可正可负,也可以为零,其具体表现如下:

当 $\mathrm{Cov}(X,Y)>0$ 时,称 X 与 Y 正相关;当 $\mathrm{Cov}(X,Y)<0$ 时,称 X 与 Y 负相关;当 $\mathrm{Cov}(X,Y)=0$ 时,称 X 与 Y 不相关.

由协方差的定义易知,协方差具有如下性质:

(1) $\mathrm{Cov}(X,Y)=E(XY)-E(X)E(Y)$

(2) $\mathrm{Cov}(X,Y)=\mathrm{Cov}(Y,X)$;

(3) 对任意常数 a,有 $\mathrm{Cov}(X,a)=0$;

(4) $\mathrm{Cov}(X+Y,Z)=\mathrm{Cov}(X,Z)+\mathrm{Cov}(Y,Z)$;

(5) 对任意常数 a,b 有 $\mathrm{Cov}(aX,bY)=ab\mathrm{Cov}(X,Y)$;

(6) $D(X\pm Y)=D(X)+D(Y)\pm 2\mathrm{Cov}(X,Y)$;

(7)（柯西-施瓦茨不等式）对任意随机变量 X 与 Y，有

$$|\text{Cov}(X,Y)| \leqslant \sqrt{D(X)} \cdot \sqrt{D(Y)}.$$

以上性质（1）～性质（7）由协方差的定义即可得证，这里从略. 以下仅证明性质（7）.

证明 对任意实数 t，令

$$f(t) = D(Y-tX) = t^2 D(X) - 2t\text{Cov}(X,Y) + D(Y),$$

由方差的性质知 $f(t) = D(Y-tX) \geqslant 0$，即 $f(t)$ 至多有一个实根. 故判别式

$$[2\text{Cov}(X,Y)]^2 - 4D(X)D(Y) \leqslant 0,$$

则

$$[2\text{Cov}(X,Y)]^2 \leqslant 4D(X)D(Y)$$

则

$$|\text{Cov}(X,Y)| \leqslant \sqrt{D(X)} \cdot \sqrt{D(Y)}.$$

性质（6）可以推广到多个随机变量的情形，即对 n 个随机变量 $X_1,\cdots,X_n$，有

$$D\left(\sum_{i=1}^{n} X_i\right) = \sum_{i=1}^{n} D(X_i) + 2\sum_{i=1}^{n}\sum_{j=1}^{i-1} \text{Cov}(X_i,X_j).$$

4.3.2 相关系数

随机变量 X 和 Y 的协方差反映了 X 和 Y 之间的联系，但它受 X 和 Y 本身数值大小的影响，其次协方差本身也是一个有量纲的量. 为了得到表示随机变量之间相互关系的无量纲的数字特征，引入如下的随机变量.

$$X^* = \frac{X-E(X)}{\sqrt{D(X)}}, \quad Y^* = \frac{Y-E(Y)}{\sqrt{D(Y)}}.$$

显然，$E(X^*) = E(Y^*) = 0$，$D(X^*) = D(Y^*) = 1$ 且变化后的随机变量不包含量纲，以上变量变化称为**随机变量标准化**.

定义 4.3.2 设 (X,Y) 是二维随机变量，且 $D(X)>0$，$D(Y)>0$，则称

$$\rho_{XY} = \frac{\text{Cov}(X,Y)}{\sqrt{D(X)}\sqrt{D(Y)}}$$

为随机变量 X 与 Y 的**相关系数**.

定理 4.3.1 设随机变量 X 与 Y 的相关系数为 ρ_{XY}，则

（1）$|\rho_{XY}| \leqslant 1$；

（2）$|\rho_{XY}| = 1$ 的充要条件是 X 与 Y 间几乎处处有线性关系，即存在常数 $a(a\neq 0)$ 与 b，使得 $p(Y=aX+b)=1$.

证明 （1）由柯西-施瓦茨不等式 $|\text{Cov}(X,Y)| \leqslant \sqrt{D(X)} \cdot \sqrt{D(Y)}$ 有

$$|\rho_{XY}| = \frac{|\text{Cov}(X,Y)|}{\sqrt{D(X)} \cdot \sqrt{D(Y)}} \leqslant 1.$$

（2）由于 $|\rho_{XY}|=1\Leftrightarrow|\mathrm{Cov}(X,Y)|=\sqrt{D(X)}\cdot\sqrt{D(Y)}$.

又 $|\mathrm{Cov}(X,Y)|=\sqrt{D(X)}\cdot\sqrt{D(Y)}$ 成立的充要条件是 $f(t)$ 只有一个重根（不妨记为 a），于是 $|\rho_{XY}|=1$ 的充要条件是

$$D(Y-aX)=0,$$

即 $p(Y=aX+b)=1$.

由定理 4.3.1 可以看出：相关系数 ρ_{XY} 刻画了随机变量 X 与 Y 之间的线性关系，因此也被称为**线性相关系数**.

若 $\rho_{XY}=0$，则称 X 与 Y 不相关. $\rho_{XY}=1$，则称 X 与 Y 完全正相关. $\rho_{XY}=-1$，则称 X 与 Y 完全负相关. $0<|\rho_{XY}|<1$ 则 X 与 Y 有一定程度的相关. $|\rho_{XY}|$ 越接近 1，X 与 Y 之间线性相关程度越高，$|\rho_{XY}|$ 越接近 0，X 与 Y 之间线性相关程度越低.

由于相关系数不含量纲，且被规范在 $[-1,1]$，故相关系数不仅可以刻画两个随机变量之间线性关系的程度，还可以对不同的相关系数进行比较. 如若有 $|\rho_{YZ}|<|\rho_{XZ}|$，则认为随机变量 Z 与 X 之间的相关程度大于 Z 与 Y 之间的相关程度.

值得注意的是，若 X 与 Y 相互独立，则 X 与 Y 不相关；反之，若 X 与 Y 不相关，则 X 与 Y 不一定相互独立. 这表明"不相关"与"相互独立"是两个不同的概念，相关只是指 X 与 Y 之间是否存在线性关系，而相互独立是就一般关系而言的.

例 4.3.1　设随机变量 $Z\sim U(-\pi,\pi)$，又 $X=\cos Z$，$Y=\sin Z$. （1）求 X 与 Y 相关系数；（2）问 X 与 Y 是否相互独立？

解　（1）由于 $Z\sim U(-\pi,\pi)$，所以 Z 的密度函数为 $f(z)=\begin{cases}\dfrac{1}{2\pi},&-\pi<x<\pi\\0,&\text{其他}\end{cases}$. 由随机变量函数的数学期望有

$$E(X)=\int_{-\pi}^{\pi}\frac{1}{2\pi}\cos z\mathrm{d}z=0,\quad E(Y)=\int_{-\pi}^{\pi}\frac{1}{2\pi}\sin z\mathrm{d}z=0,$$

$$E(XY)=\int_{-\pi}^{\pi}\sin z\cos z\frac{1}{2\pi}\mathrm{d}z=\frac{1}{4\pi}\int_{-\pi}^{\pi}\sin(2z)\mathrm{d}z=0,$$

从而

$$\mathrm{Cov}(X,Y)=E(XY)-E(X)E(Y)=0,$$

即 $\rho_{XY}=0$，所以 X 与 Y 不相关.

（2）由于 $X^2+Y^2=\sin^2 Z+\cos^2 Z=1$，此表明 X 与 Y 之间虽没有线性关系，却有其他形式的函数关系，所以，X 与 Y 不相互独立.

若随机变量 $(X,Y)\sim N(\mu_1,\mu_2,\sigma_1,\sigma_2,\rho)$，通过计算可知

$$f_X(x)=\frac{1}{\sqrt{2\pi}\sigma_1}\mathrm{e}^{-\frac{(x-\mu_1)}{2\sigma_1^2}}\quad(-\infty<x<+\infty),$$

$$f_Y(y) = \frac{1}{\sqrt{2\pi}\sigma_2} e^{-\frac{(y-\mu_2)}{2\sigma_2^2}} \quad (-\infty < y < +\infty),$$

$$\rho_{XY} = \rho.$$

而当 $\rho = 0$ 时有

$$f(x, y) = f_X(x) f_Y(y),$$

即对二维正态分布来说不相关与独立等价.

4.3.3　矩与协方差矩阵

定义 4.3.3　设随机变量 X, Y,若

$$E(X^k) \quad (k = 1, 2, \cdots)$$

存在,则称它为 X 的 k **阶原点矩**.

若

$$E[X - E(X)]^k \quad (k = 1, 2, \cdots)$$

存在,则称它为 X 的 k **阶中心矩**.

若

$$E(X^k Y^l) \quad (k = 1, 2, \cdots)$$

存在,则称它为 X、Y 的 $k+l$ **阶混合原点矩**.

若

$$E[X - E(X)]^k [X - E(X)]^l \quad (k = 1, 2, \cdots)$$

存在,则称它为 X, Y 的 $k+l$ **阶混合中心矩**.

定义 4.3.4　若随机变量 $(X_1, \cdots, X_n)$ 的二阶混合中心距

$$c_{ij} = \text{Cov}(X_i, X_j) \quad (i, j = 1, 2, \cdots, n)$$

都存在,则称矩阵

$$C = \begin{pmatrix} c_{11} & c_{12} & \cdots & c_{1n} \\ c_{21} & c_{22} & \cdots & c_{2n} \\ \vdots & \vdots & & \vdots \\ c_{n1} & c_{n2} & \cdots & c_n \end{pmatrix}$$

为 n 维随机变量 $(X_1, \cdots, X_n)$ 的**协方差矩阵**.

*4.4　大数定律与中心极限定理

在第 1 章的讨论中曾指出在相同的条件下进行大量重复试验时随机现象呈现出统计规律性,即事件发生的频率趋于事件的概率,它表现为试验次数无限增加时,在某种收敛意义下频率逼近某个常数.实践中人们还认识到,类似于频率的稳定性,大量测量值的算术平均值也具有稳定性.大数定理对上述情况从理论上给予

概括和论证. 中心极限定理指出, 在很一般的条件下, n 个独立随机变量的和当 n 趋于无穷大时的极限分布是正态分布, 这在统计理论研究和应用上是有效和重要的.

4.4.1　大数定理

任何随机事件发生时都体现出随机性, 但是大量随机现象的平均结果呈现出稳定性, 它与个别随机现象的特征无关, 并且几乎不再是随机的.

大数定理是大量观测结果平均水平稳定性的一系列定律的总称. 它体现了必然性与偶然性之间的辩证联系规律.

定义 4.4.1　设 $X_1, X_2, \cdots, X_n, \cdots$ 是一列随机变量, X 是一个随机变量或常数, 若对任意 $\varepsilon > 0$, 有

$$\lim_{n \to +\infty} p(|X_n - X| < \varepsilon) = 1,$$

则称随机变量列 $\{X_n\}$ **依概率收敛于** X, 记为 $X_n \xrightarrow{P} X$.

定理 4.4.1（伯努利大数定理）　设 μ_n 为 n 重伯努利试验中事件 A 发生的次数, p 为事件 A 在每次试验中发生的概率, 则对任意 $\varepsilon > 0$, 有

$$\lim_{n \to +\infty} p\left(\left|\frac{\mu_n}{n} - p\right| < \varepsilon\right) = 1.$$

证明　由于 $\mu_n \sim b(n, p)$, 于是

$$E(\mu_n) = np, \quad D(\mu_n) = npq,$$

从而

$$E\left(\frac{\mu_n}{n}\right) = p, \quad D\left(\frac{\mu_n}{n}\right) = \frac{pq}{n}.$$

由切比雪夫不等式可知, 对任意 $\varepsilon > 0$, 有

$$p\left(\left|\frac{\mu_n}{n} - p\right| \geq \varepsilon\right) \leq \frac{1}{\varepsilon^2} D\left(\frac{\mu_n}{n}\right) = \frac{pq}{n\varepsilon^2} \to 0 \quad (n \to +\infty),$$

即

$$\lim_{n \to +\infty} p\left(\left|\frac{\mu_n}{n} - p\right| < \varepsilon\right) = 1.$$

伯努利大数定理表明: 事件 A 发生的频率依概率收敛于 A 发生的概率. 它以严格的数学形式刻画了频率的稳定性. 也就是说, 当独立试验次数很大时可以用频率近似代替概率.

由此可以推断, 概率很小的事件其频率应很小, 即在少数的几次试验中几乎是不可能发生的, 人们常常认为: 概率很小的随机事件在个别实验中几乎不发生. 这个原理称为**小概率事件原理**.

定理 4.4.2（切比雪夫大数定律）　设随机变量序列 $X_1, X_2, \cdots, X_n, \cdots$ 两两不

相关,它们的方差都存在,且有共同的上界,即存在常数 $C>0$,使得 $D(X_i)\leqslant C(i=1,2,\cdots)$,则对任意 $\varepsilon>0$,有

$$\lim_{n\to+\infty} p\left(\left|\frac{1}{n}\sum_{i=1}^{n}X_i-\frac{1}{n}\sum_{i=1}^{n}E(X_i)\right|<\varepsilon\right)=1.$$

证明　由切比雪夫不等式可知,对任意 $\varepsilon>0$,有

$$p\left(\left|\frac{1}{n}\sum_{i=1}^{n}X_i-\frac{1}{n}\sum_{i=1}^{n}E(X_i)\right|\geqslant\varepsilon\right)\leqslant\frac{1}{\varepsilon^2}D\left(\frac{1}{n}\sum_{i=1}^{n}X_i\right)$$

$$=\frac{1}{n^2\varepsilon^2}\sum_{i=1}^{n}D(X_i)\leqslant\frac{C}{n\varepsilon^2}\to 0\quad(n\to+\infty),$$

则

$$\lim_{n\to+\infty} p\left(\left|\frac{1}{n}\sum_{i=1}^{n}X_i-\frac{1}{n}\sum_{i=1}^{n}E(X_i)\right|\geqslant\varepsilon\right)=0,$$

则

$$\lim_{n\to+\infty} p\left(\left|\frac{1}{n}\sum_{i=1}^{n}X_i-\frac{1}{n}\sum_{i=1}^{n}E(X_i)\right|<\varepsilon\right)=1.$$

定理 4.4.3(辛钦大数定理)　设 $X_1,X_2,\cdots,X_n,\cdots$ 是独立同分布的随机变量序列,且它们的数学期望存在,即 $E(X_i)=\mu(i=1,\cdots,n)$,则对任意 $\varepsilon>0$,有

$$\lim_{n\to+\infty} p\left(\left|\frac{1}{n}\sum_{i=1}^{n}X_i-\mu\right|<\varepsilon\right)=1.$$

证明略.

4.4.2　中心极限定理

在许多实际问题中,有很多随机现象可以看成是许多因素独立影响的综合结果,而每一因素对该现象的影响都很小.描述这类随机现象的随机变量可以看成许多相互独立的起微小作用的因素作用的结果,李雅普诺夫证明了:在某些非常一般的充分条件下,当随机变量个数无限增加时,独立随机变量和的分布趋于正态分布.概率论中,把研究在什么条件下,大量独立的随机变量和的分布以正态分布为极限这一类定理称为中心极限定理.在此,不加证明地给出如下定理:

定理 4.4.4(林德伯格-莱维中心极限定理)　设 $X_1,X_2,\cdots,X_n,\cdots$ 是独立同分布的随机变量列,且 $E(X_i)=\mu,D(X_i)=\sigma^2>0$ $(i=1,2,\cdots)$,则对任意实数 x 有

$$\lim_{n\to+\infty} p\left(\left|\frac{\sum_{i=1}^{n}X_i-n\mu}{\sqrt{n}\sigma}\right|\leqslant x\right)=\frac{1}{\sqrt{2\pi}}\int_{-\infty}^{x}e^{-\frac{t^2}{2}}\,dx.$$

定理 4.4.5(棣莫弗-拉普拉斯中心极限定理)　设 $X_1,X_2,\cdots,X_n,\cdots$ 是独立同

分布的随机变量列,且 $X_i(i=1,2,\cdots)$ 服从参数为 $p(0<p<1)$ 的两点分布,即 $X=\sum_{i=1}^{n}X_i\sim b(n,p)$,则对任意实数 x 有

$$\lim_{n\to+\infty}p\left(\left|\frac{\sum_{i=1}^{n}X_i-np}{\sqrt{np(1-p)}}\right|\leqslant x\right)=\frac{1}{\sqrt{2\pi}}\int_{-\infty}^{x}e^{-\frac{t^2}{2}}dx.$$

该定理在二项分布与正态分布之间建立了联系,为人们解决实际问题提供了一种可行的方法.

注意到上述定理中等号左端的随机变量是 $X=\sum_{i=1}^{n}X_i$ 的标准化随机变量,右端被积函数是标准正态分布的密度函数.故中心极限定理可作如下解释:假设被研究的随机变量可以表示为大量独立的随机变量之和,其中每一个随机变量对于总和的作用都很小,则可认为这个随机变量近似地服从正态分布.在实际工作中,只要 n 足够大,便可把独立同分布的随机变量之和作为正态变量处理.

例 4.4.1　一个复杂系统由 100 个相互独立的部件构成,每个部件正常工作的概率为 0.9.已知整个系统至少有 85 个部件正常工作,系统工作才正常.求系统正常工作的概率.

解　以 X 表示 100 个部件中正常工作的部件数目,则 $X\sim b(100,0.9)$,于是 $E(X)=90,D(X)=9$.由于 $n=100$ 较大,则由中心极限定理,近似有 $X\sim N(90,9)$.则系统正常工作时应满足 X 不小于 85.由此有

$$p(X\geqslant85)=1-p(X<85)=1-p\left(\frac{X-90}{3}<\frac{85-90}{3}\right)\approx1-\Phi\left(-\frac{5}{3}\right)=0.9525.$$

例 4.4.2　某单位设置一部电话总机,共有 200 台电话分机.若每台分机使用外线的概率是 5%,且每台分机是否使用外线是相互独立的.问总机需要安装多少条外线,才能以 90% 的概率保障每个分机需要使用外线时不占线?

解　设总机需要安装 x 条外线,以 X 表示同时使用外线的电话数,则 $X\sim b(200,0.05)$,于是 $E(X)=10,D(X)=9.5$.由题意知 x 应使下式成立:

$$p(0\leqslant X\leqslant x)\geqslant0.90.$$

由中心极限定理,近似有 $X\sim N(10,9.5)$,由于

$$p(0\leqslant X\leqslant x)=p\left(\frac{0-10}{\sqrt{9.5}}<\frac{X-10}{\sqrt{9.5}}<\frac{x-10}{\sqrt{9.5}}\right)\approx\Phi\left(\frac{x-10}{\sqrt{9.5}}\right)-\Phi\left(\frac{-10}{\sqrt{9.5}}\right),$$

由于 $\Phi\left(\dfrac{-10}{\sqrt{9.5}}\right)\approx0$,故 $p(0\leqslant X\leqslant x)\approx\Phi\left(\dfrac{x-10}{\sqrt{9.5}}\right)$.问题转化为求满足

$$\Phi\left(\frac{x-10}{\sqrt{9.5}}\right)\geqslant0.9$$

的最小的 x.

查标准正态分布表得 $\Phi(1.29)=0.9015$,故应有

$$\frac{x-10}{\sqrt{9.5}}\geqslant 1.29,$$

求解可知 $x\geqslant 14$.

例 4.4.3　某型号的螺丝钉废品率为 0.01,问一盒螺丝钉要装几只才能保障这盒螺丝钉中含有 100 个合格品的概率不低于 0.95?

解　设应放入 n 个螺丝钉,令 Y_n 表示 n 个螺丝钉中合格品的个数,则 $Y_n\sim b(n,p)$,其中 $p=0.99$. 由此有 $E(Y_n)=np$, $D(Y_n)=np(1-p)$. 则由题意知 n 应使下式成立:

$$p(Y_n\geqslant 100)\geqslant 0.95.$$

由中心极限定理,近似有 $Y_n\sim N(np,np(1-p))$,故

$$p(Y_n\geqslant 100)=p\left\{\frac{Y_n-np}{\sqrt{npq}}\geqslant\frac{100-np}{\sqrt{npq}}\right\}\geqslant 0.95,$$

则

$$p\left\{\frac{Y_n-np}{\sqrt{npq}}<\frac{100-np}{\sqrt{npq}}\right\}\approx\Phi(-1.65)\leqslant 0.05,$$

则

$$\frac{100-np}{\sqrt{npq}}\leqslant -1.65.$$

解得 $n\geqslant 102.69$,故最少要装 103 枚螺丝钉.

习　题　四

A 组

1. 离散型随机变量 X 的概率分布为

X	-2	0	2
p	0.40	0.30	0.30

求 $E(X)$, $E(3X+5)$, $E(X^2)$.

2. 某产品表面瑕疵点数服从参数 $\lambda=0.8$ 的泊松分布,规定若瑕疵点数不超过 1 个为一等品,每个价值 10 元,多于 4 个为废品,不值钱,其他情况为二等品,每个价值 8 元. 求产品的平均价值.

3. 设随机变量 X 的分布函数为 $F(x)=\begin{cases}0, & x\leqslant 0\\ x/4, & 0<x\leqslant 4.\\ 1, & x>4\end{cases}$ 求 $E(X)$.

4. 设随机变量 X 服从几何分布，即 $p(X=k)=p(1-p)^{k-1}(k=1,2,\cdots)$，其中 $0<p<1$ 是常数. 求 $E(X)$.

5. 若随机变量 X 服从参数为 λ 的泊松分布，即

$$p(X=k)=\frac{\lambda^k}{k!}\mathrm{e}^{-\lambda}\quad(k=0,1,2,\cdots),$$

求 $E(X),E(X^2)$.

6. 某工程队完成某项工程的时间 X（单位：月）服从下述分布

X	10	11	12	13
p	0.4	0.3	0.2	0.1

（1）求该工程队完成此项工程的平均时间；

（2）设该工程队获利 $Y=50(13-X)$（万元）. 求平均利润.

7. 若随机变量 X 服从区间 $[a,b]$ 上的均匀分布，即

$$f(x)=\begin{cases}\dfrac{1}{b-a},&a\leqslant x\leqslant b\\[2mm]0,&\text{其他}\end{cases},$$

求 $E(X),E(X^2)$.

8. 若随机变量 X 服从参数为 λ 的指数分布，即

$$f(x)=\begin{cases}\lambda\mathrm{e}^{-\lambda x},&x>0\\0,&x\leqslant 0\end{cases},$$

求 $E(X),E(X^2)$.

9. 离散型随机变量 X 的概率分布为

X	0	2	6
p	3/12	4/12	5/12

求 $E(X),E[\ln(X+2)]$.

10. 设 $X\sim N(\mu,\sigma^2)$，求 $E(|X-\mu|)$.

11. 设某商品需求量 $X\sim U(10,30)$，销售商进货量 n 在 $(10,30)$，是一个整数. 每销售一件商品获利 500（元），若供小于求，每件产品亏损 100（元）. 若供大于求，则从外地调运，每件商品可获利 300（元）. 为使利润期望值不少于 9280（元），进货量最少应为多少？

12. 某保险公司规定，如果一年内顾客投保事件 A 发生，则赔偿顾客 a 元. 以往资料表明事件 A 发生的概率为 p. 为使公司收益期望值为 $0.1a$，则应向顾客收取都少保费？

13. 设随机变量 X 的密度函数为 $f(x) = \begin{cases} \dfrac{1}{2}\cos\dfrac{x}{2}, & 0 \leqslant x \leqslant \pi \\ 0, & \text{其他} \end{cases}$. 对 X 进行独立重复观测 4 次，Y 表示观测值大于 $\pi/3$ 的次数，求 Y^2 的数学期望.

14. 设随机变量 X, Y 相互独立，且都服从标准正态分布. 求 $Z = \sqrt{X^2 + Y^2}$ 的数学期望.

15. 已知 (X, Y) 的分布如下，令 $Z = \max\{X, Y\}$，求 $E(Z)$.

X \ Y	0	5	10	15
0	0.02	0.06	0.02	0.10
5	0.04	0.15	0.20	0.10
10	0.01	0.15	0.14	0.01

16. 设 (X, Y) 的联合密度函数为

$$f(x, y) = \begin{cases} 12y^2, & 0 \leqslant y \leqslant x \leqslant 1 \\ 0, & \text{其他} \end{cases},$$

求 $E(X), E(Y), E(XY), E(X^2 + Y^2)$.

17. 设随机变量 (X, Y) 的密度函数为

$$f(x, y) = \begin{cases} \dfrac{1}{8}(x + y), & 0 \leqslant x \leqslant 2, 0 \leqslant y \leqslant 2 \\ 0, & \text{其他} \end{cases},$$

求 $E(X)$.

18. 甲乙二人相约在 12:00~13:00 会面，设 X, Y 分别表示甲乙到达时间，且相互独立. 已知 X, Y 的密度函数为

$$f(x) = \begin{cases} 3x^2, & 0 < x < 1 \\ 0, & \text{其他} \end{cases}, \quad f(y) = \begin{cases} 2y, & 0 < y < 1 \\ 0, & \text{其他} \end{cases}.$$

求先到达者需要等待时间的数学期望.

19. 设二维随机变量 (X, Y) 在曲线 $y = x^2, y = x + 2$ 所围区域 G 内服从均匀分布，求数学期望 $E(X), E(Y)$.

20. 离散型随机变量 X 的概率分布为

X	-2	0	2
p	0.40	0.30	0.30

求 $D(X)$.

21. 设随机变量 X 的分布函数为 $F(x)=\begin{cases} 0, & x\leqslant 0 \\ x/4, & 0<x\leqslant 4 \\ 1, & x>4 \end{cases}$，求 $D(X)$.

22. 若随机变量 X 服从参数为 λ 的泊松分布，求 $D(X)$.

23. 设随机变量 (X,Y) 的密度函数为

$$f(x,y)=\begin{cases} \dfrac{1}{8}(x+y), & 0\leqslant x\leqslant 2, 0\leqslant y\leqslant 2 \\ 0, & \text{其他} \end{cases},$$

求 $D(X)$.

24. 设二维随机变量 (X,Y) 在曲线 $y=x^2,y=x+2$ 所围区域 G 内服从均匀分布，求方差 $D(X),D(Y)$.

25. 设 10 只同种元件中由 2 只是坏的，装配仪器时，从中任取 1 只，如果是不合格品，则扔掉后重取 1 只，求取出合格品前取出次品数的方差.

26. 设随机变量 X 的密度函数为 $f(x)=\dfrac{1}{2}\mathrm{e}^{-|x|}$. 求 $E(X),D(X)$.

27. 设 X 为随机变量，证明：对任意常数 C，有 $D(X)\leqslant E(X-C)^2$，当 $C=E(X)$ 时等号成立.

28. 设 U 服从 $(-2,2)$ 上的均匀分布，定义 X,Y 如下

$$X=\begin{cases} -1, & U<-1 \\ 1, & U>-1 \end{cases}, \quad Y=\begin{cases} -1, & U<1 \\ 1, & U>1 \end{cases},$$

求 $D(X+Y)$.

29. 已知 $E(X)=750,D(X)=15^2$. 请估计概率 $p(700<X<800)$.

30. 设 $E(X)=-2,D(X)=1,E(Y)=2,D(Y)=4,\rho_{XY}=-0.5$，利用由切比雪夫不等式估计概率 $p(|X+Y|\geqslant 6)$ 的上限.

31. 设 $D(X)=4,D(Y)=9,\rho_{XY}=0.5$，求 $D(2X-3Y)$.

32. 设 (X,Y) 的联合密度函数为

$$f(x,y)=\begin{cases} 12y^2, & 0\leqslant y\leqslant x\leqslant 1 \\ 0, & \text{其他} \end{cases},$$

求 $\mathrm{Cov}(X,Y)$.

33. 设二维随机变量 (X,Y) 在曲线 $y=x^2,y=x+2$ 所围区域 G 内服从均匀分布，求协方差 $\mathrm{Cov}(X,Y)$ 与相关系数 ρ_{XY}.

34. 设二维随机变量 (X,Y) 的联合分布为

X \ Y	−1	0	1
0	0.07	0.18	0.15
10	0.08	0.32	0.20

求 $Cov(X^2, Y^2)$.

35. 随机变量 (X,Y) 的密度函数为

$$f(x,y)=\begin{cases}2, & 0\leqslant x\leqslant 1, 1-x\leqslant y\leqslant 1,\\ 0, & \text{其他}\end{cases},$$

求 $D(X+Y)$.

36. 将 1 枚硬币抛 n 次,以 X,Y 分别表示正面向上与反面向上的次数,求 $Cov(X,Y)$, ρ_{XY}.

37. 设 X 与 Y 独立,且都服从参数为 λ 的泊松分布,令

$$U=2X+Y, \quad V=2X-Y,$$

求 U 与 V 的相关系数.

38. 设二维随机变量 (X,Y) 的联合密度函数为

$$f(x,y)=\begin{cases}1, & |y|<0, 0<x<1,\\ 0, & \text{其他}\end{cases},$$

判断 X 与 Y 之间的相关性与独立性.

39. 设 a 为区间 $(0,1)$ 上一定点,随机变量 $X\sim U(0,1)$, Y 是 X 到 a 的距离. 问 a 为何值时 X 与 Y 是不相关?

40. 设计算器进行加法计算时,所有舍入误差相互独立且在 $(-0.5, 0.5)$ 上服从均匀分布.

(1) 将 1500 个数相加,问误差总和的绝对值超过 15 的概率是多少;

(2) 最多可以有几个数相加,其误差总和的绝对值小于 10 的概率不小于 0.90?

41. 一批木材中有 80% 的长度不小于 3m,从中任取 100 根,求其中至少有 30 根长度短于 3m 的概率.

42. 某商店出售价格(单位:元)分别为 1, 1.2, 1.5 的 3 种蛋糕,每种蛋糕被购买的概率分别为 0.3, 0.2, 0.5. 若某天售出 300 只蛋糕,(1)求这天收入为 400 的概率;(2)求这天售出价格为 1.2 蛋糕多于 60 只的概率.

43. 进行独立重复试验,每次试验中事件 A 发生的概率为 0.25. 问能以 95% 的把握保证 1000 次试验中事件 A 发生的频率与概率相差多少?此时 A 发生的次数在什么范围内?

44. 某车间有同型号车床 150 台,在 1h 内每台车床约有 60% 的时间在工作.

假定各车床工作相互独立,工作时每台车床要消耗电能 15kW. 问至少要多少电能,才可以有 99.5% 的可能性保证此车间正常工作?

B 组

1. 将 n 只球(1~n 号)随机的装入 n 只盒子(1~n 号),一只盒子装一只球. 若一只球装入的盒子与球同号,称为一个配对. 记 X 为配对数,求 $D(X)$.

2. 设随机变量 X 的分布函数为 $F(x)$,其数学期望存在,证明

$$E(X) = \int_0^{+\infty} [1 - F(x)] \mathrm{d}x - \int_{-\infty}^0 F(x) \mathrm{d}x.$$

3. 设随机变量 X 的分布函数为

$$F(x) = \begin{cases} 0, & x < -1 \\ \dfrac{1}{2} + \dfrac{1}{\pi} \arcsin x, & -1 \leqslant x < 1, \\ 1, & x \geqslant 1 \end{cases}$$

求 $E(X)$.

4. 设连续随机变量 X 的密度函数为 $f(x)$. 若对任意常数 c 有
$$f(c+x) = f(c-x) \quad (x > 0),$$
且 $E(X)$ 存在. 证明 $E(X) = c$.

5. 证明事件 A 在一次试验中发生次数的方差不超过 0.25.

6. 设随机变量 X 服从几何分布,即 $p(X = k) = p (1-p)^{k-1} (k = 1, 2, \cdots)$,其中 $0 < p < 1$ 是常数. 求 $D(X)$.

7. 一只昆虫所生虫卵 X 服从参数为 λ 的泊松分布,而每个虫卵发育成幼虫的概率为 p,且每个虫卵是否发育成幼虫相互独立,求一只昆虫所生幼虫数 Y 的期望与方差.

8. 设随机变量 X 的密度函数 $f(x)$ 是偶函数,且 $E(|X|^2) < +\infty$,证明 X 与 X^2 不相关,但不独立.

9. 设 $X_1, \cdots, X_n$ 中任意两个的相关系数都是 ρ,试证:$\rho \geqslant -\dfrac{1}{n-1}$.

第5章 数理统计的基础知识

从本章开始,将学习数理统计的基本内容.数理统计是一门以概率论为理论基础,对带有随机性的数据进行收集、整理与分析,并在此基础上进行统计推断的应用数学分支.带有随机性的数据是指表面上看杂乱无章、无任何规律,整体上能显示一种规律性,可用概率分布来刻画的数据.

5.1 数理统计学中的基本概念

5.1.1 总体与样本

为了更好理解数理统计中的基本概念,先看以下两个实例:

例 5.1.1 考察现阶段大学毕业后工作 10～30 年的工作人员收入状况.

例 5.1.2 研究某个工厂生产的某种型号的晶体管的寿命.

对于这两个问题,有以下几个共同点:

(1) 研究工作所涉及的对象有一个明确的范围,每一个对象都是一个实实在在的实体.

(2) 所有对象组成一个整体.

(3) 人们关心的不是对象本身,而是对象的某些特征值,即收入或寿命.

(4) 研究的目的是想弄清该整体的某种特征,如平均收入、平均寿命.

(5) 例 5.1.1 中整体所含的人数虽然有限,但无法对之一一作调查;例 5.1.2 中整体所含的数目是无限的,对晶体管寿命的调查具有破坏性,因此两个实例中都只能抽取其中一部分作调查,以这部分的结果推断所考虑的整体的性质.

人们把研究对象的全体称为**总体**,把组成总体的每个成员称为**个体**.在实际问题中,通常研究对象的某个或某几个数量指标,因而常把所有对象的数量指标的全体称为总体,而每一个成员的数量指标称为一个个体.

代表总体的数量指标(如晶体管的寿命)是一个随机变量 X,从总体中抽取一个个体,就是对代表总体的随机变量 X 进行一次试验(或观测),得到 X 的一个试验数据(或观测值).从总体中抽取一部分个体,就是对随机变量 X 进行若干次试验(或观测).从总体中抽出的一部分个体称为**样本**,样本中所包含的个体个数称为**样本容量**,得到样本的过程称为**抽样**.

5.1.2　简单随机样本

由于各种原因不能对总体进行一一调查,只能从中抽样调查,而样本只是总体的一部分,不可能与总体完全一样,于是从样本情况推论总体情况的误差(称为抽样误差)不可避免,但只要把它控制在允许的范围内,使得抽样的结果能最大限度反映总体情况. 为此,从总体中抽取的样本必须满足两个条件:

(1) **随机性**　为了使样本具有代表性,必须保证每个个体被抽到的机会相同,通常用随机数或抽签的方法来实现;

(2) **独立性**　每次抽样的结果互不影响.

这样得到的样本称为**简单随机样本**,若没有特别说明,以后所提到的样本均是指简单随机样本.

从有限总体中进行有放回抽样(即每次抽取一个经观察后放回,再从中取第二个,照此方法继续做下去)得到的样本就是简单随机样本;当总体中个体数目 N 很大,而样本容量 n 较小$\left(\dfrac{n}{N}\leqslant 0.1\right)$时,从中进行无放回抽样(每次取一个,取后不放回,再从中取下一个)可近似地看作是有放回抽样,得到的样本也可以认为是简单随机样本.

综上所述,从总体中抽取容量为 n 的样本,就是对代表总体的随机变量 X 随机地、独立地进行 n 次试验,每次试验的结果可以看成是一个随机变量,n 次试验的结果就是 n 个随机变量:$X_1,X_2,\cdots,X_n$,这些随机变量是相互独立的,并且与总体 X 服从相同的分布. 抽样后得到的样本观测值为 $x_1,x_2,\cdots,x_n$,即抽样的结果是 n 个相互独立的事件

$$X_1=x_1,X_2=x_2,\cdots,X_n=x_n$$

发生了. 以后也可以用 $x_1,x_2,\cdots,x_n$ 代表样本,是随机变量还是其观测值,需从上下文中加以区别.

如何确定样本容量呢?　一般来说,控制较为严密的研究,样本容量可以少一些,反之则要多一些. 由于统计方法的需要,把容量在 30 及 30 以上的样本称为大样本,把容量小于 30 的样本称为小样本.

设总体 X 具有分布函数 $F(x)$,$x_1,x_2,\cdots,x_n$ 为取自该总体的容量为 n 的样本,则样本联合分布函数为

$$F(x_1,\cdots,x_n) = \prod_{i=1}^{n} F(x_i);$$

若总体 X 为连续型随机变量,其概率密度为 $f(x)$,则样本联合概率密度为

$$f(x_1,\cdots,x_n) = \prod_{i=1}^{n} f(x_i);$$

若总体 X 为离散型随机变量,其概率分布列为 $p(X=y_i)=p_i$,则样本联合分布列为

$$p(x_1=y_1,\cdots,x_n=y_n)=\prod_{i=1}^{n}p(x_1=y_1)\cdots p(x_n=y_n)=\prod_{i=1}^{n}p_i,$$

其中 $F(x_i),f(x_i)$ 分别表示 X_i 的分布函数、概率密度.

5.2 数据的整理与显示

为研究某个问题而收集的资料,一般是一大堆杂乱无章的数据,需要把数据加以整理,从中提取与所研究的问题最有关的信息,并以简明醒目的方式表达出来. 整理的方式有两种:使用图表和统计量.

5.2.1 经验分布函数

设 $x_1,x_2,\cdots,x_n$ 是取自总体分布函数为 $F(x)$ 的样本,若将样本观测值由小到大进行排列,为 $x_{(1)},x_{(2)},\cdots,x_{(n)}$,则称 $x_{(1)},x_{(2)},\cdots,x_{(n)}$ 为有序样本. 一般地,因为观测值可能重复出现,所以应先整理得样本频率分布见表 5-1.

表 5-1

观测值	$x_{(1)}$	$x_{(2)}$	$\cdots$	$x_{(l)}$	总计
频数	m_1	m_2	$\cdots$	m_l	n
频率	f_1	f_2	$\cdots$	f_l	1

其中 $x_{(1)}<x_{(2)}<\cdots<x_{(l)}(l\leqslant n),f_i=\dfrac{m_i}{n},(i=1,2,\cdots,n),\sum_{i=1}^{l}m_i=n,\sum_{i=1}^{l}f_i=1.$

于是,用有序样本定义如下函数

$$F_n(x)=\begin{cases}0, & x<x_{(1)}\\ \sum_{i=1}^{k}f_i, & x_{(k)}\leqslant x<x_{(k+1)}\quad(k=1,2,\cdots,l-1),\\ 1, & x_{(l)}\leqslant x\end{cases}$$

则 $F_n(x)$ 是一非减右连续函数,且满足 $F_n(-\infty)=0$ 和 $F_n(+\infty)=1$.

由此可见,$F_n(x)$ 是一个分布函数,并称 $F_n(x)$ 为经验分布函数. 由大数定律可知,当 $n\to\infty$ 时,$F_n(x)$ 按概率收敛于 $F(x)$,即对于任意的正数 ε,有下列式子成立:

$$\lim_{n\to\infty}p(|F_n(x)-F(x)|<\varepsilon)=1.$$

这就是在数理统计中可以依据样本来推断总体的理论基础.

5.2.2 频率分布

数理统计中研究连续随机变量 X 的样本分布时通常需要作出样本的频率直方图,下面通过例子详细说明作频率分布的方法.

例 5.2.1 为研究某厂工人生产某种产品的能力,随机调查了 20 位工人某天生产的该种产品的数量,数据如下:

160, 196, 164, 148, 170, 175, 178, 166, 181, 162,
161, 168, 166, 162, 172, 156, 170, 157, 162, 154.

对这 20 个数据(样本)进行整理,具体步骤如下:

(1) 求极差.极差=最大值-最小值,本例中极差=196-148.

(2) 根据样本容量 n 确定分组数 k.一般地,有 $k=1+\lg n$,对结果四舍五入取整即为组数.在实际应用中,可根据数据的多少和特点及分析的要求,参考这一标准灵活确定组数(表 5-2).

表 5-2

n	较小	100 左右	200 左右	300 左右及以上
k	5~6	7~10	9~13	12~20

本例中只有 20 个数据,取 $k=5$.

(3) 确定每组组限.先确定每组组距,在实际问题中一般取相同的组距 $d=$ 极差/组数,本例中 $d=\dfrac{48}{5}=9.6$,为了方便取 $d=10$;再来确定各组的上下限,各组区间端点为 $a_0,a_1=a_0+d,a_2=a_0+2d,\cdots,a_k=a_0+kd$,形成如下的分组区间 $(a_0,a_1],(a_1,a_2],\cdots,(a_{k-1},a_k]$,其中 a_0 略小于最小观测值,a_k 略大于最大观测值,使得最小值落在最低组,最大值落在最高组.

(4) 统计样本数据落入每个区间的个数——频数,并列出其频数频率分布表(表 5-3).

表 5-3

组序	分组区间	组中值	频数	频率	累计频率/%
1	(147,157]	152	4	0.20	20
2	(157,167]	162	8	0.40	60
3	(167,177]	172	5	0.25	85
4	(177,187]	182	2	0.10	95
5	(187,197]	192	1	0.05	100
合计			20	1	

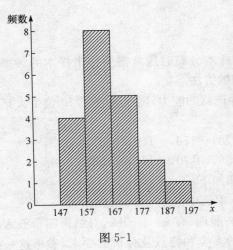

图 5-1

在此基础上就可以作直方图:以组距为底,频数为高作长方形就得到**频数直方图**;同样以组距为底,频率为高作长方形就得到频率直方图.但频率直方图一般是以(频率÷组距)为高的,这三种直方图的差别仅在于纵轴刻度的选择.

例 5.2.1 的频数直方图如图 5-1 所示.

* 5.2.3　茎叶图

把每一个数值分为两部分,前面一部分(百位和十位)称为**茎**,后面部分(个位)称为叶,然后画一条竖线,在竖线的左侧写上茎,右侧写上叶,就形成了**茎叶图**(图 5-2).

数值	→	分开	→	茎	叶
112		11|2		11	2

图 5-2

例 5.2.2　某公司对应聘人员进行能力测试,测试成绩总分为 150 分.下面是 50 位应聘人员的测试成绩:

64,	67,	70,	72,	74,	76,	76,	79,	80,	81,
82,	82,	83,	85,	86,	88,	91,	91,	92,	93,
93,	93,	95,	95,	95,	97,	97,	99,	100,	100,
102,	104,	106,	106,	107,	108,	108,	112,	112,	114,
116,	118,	119,	119,	122,	123,	125,	126,	128,	133.

由这批数据可得茎叶图如图 5-3 所示.

```
 6 | 4 7
 7 | 0 2 4 6 6 9
 8 | 0 1 2 2 3 5 6 8
 9 | 1 1 2 3 3 3 5 6 6 7 7 9
10 | 0 0 2 4 6 6 7 8 8
11 | 2 2 4 6 8 9 9
12 | 2 3 5 6 8
13 | 3
```

图 5-3

在要比较两组样本时,可画出它们的背靠背的茎叶图.

注：茎叶图保留数据中全部信息. 当样本量较大, 数据很分散, 横跨二三个数量级时, 茎叶图并不适用.

5.2.4　统计量

利用样本对总体的某种性质进行推断时, 必须对样本数据进行加工和提炼, 最常用的加工方法是构造样本的函数, 不同的函数反映总体的不同特征.

定义 5.2.1　设 $x_1, x_2, \cdots, x_n$ 为取自总体 X 的样本, 若样本函数 $T = T(x_1, x_2, \cdots, x_n)$ 中不含有任何未知参数, 则称 T 为**统计量**, 统计量的分布称为**抽样分布**.

设 $x_1, x_2, \cdots, x_n$ 为取自总体 X 的样本, 则常用的统计量有：

(1) 样本均值 $\bar{x} = \dfrac{1}{n} \sum\limits_{i=1}^{n} x_i$；

(2) 样本方差 $s^2 = \dfrac{1}{n-1} \sum\limits_{i=1}^{n} (x_i - \bar{x})^2$；

(3) 样本标准差 $s = \sqrt{\dfrac{1}{n-1} \sum\limits_{i=1}^{n} (x_i - \bar{x})^2}$；

(4) 样本 k 阶原点矩 $a_k = \dfrac{1}{n} \sum\limits_{i=1}^{n} x_i^k$；

(5) 样本 k 阶中心矩 $b_k = \dfrac{1}{n} \sum\limits_{i=1}^{n} (x_i - \bar{x})^k$.

应该指出, 所有统计量都是随机变量, 而它们的观测值是根据样本观测值计算得到的数值, 今后为了方便, 也可将某统计量的观测值称为该统计量, 如样本均值 $\bar{x}$.

5.3　数理统计中常用的分布及相关结论

在进行统计推断时, 必须事先确定统计量的分布, 这一节要介绍几个在数理统计中经常用到的统计分布.

5.3.1　χ^2 分布（卡方分布）

定义 5.3.1　设 $x_1, x_2, \cdots, x_n$ 是取自总体 $N(0,1)$ 的样本, 则统计量
$$X = x_1^2 + x_2^2 + \cdots + x_n^2$$
服从自由度为 n 的 χ^2 分布, 记为 $X \sim \chi^2(n)$, 其密度函数为
$$f(x) = \frac{1}{2^{\frac{n}{2}} \Gamma\left(\dfrac{n}{2}\right)} x^{\frac{n}{2}-1} e^{-\frac{1}{2}x} \quad (x > 0),$$

其中 $\Gamma(\alpha)=\int_0^{+\infty}x^{\alpha-1}e^{-x}dx(\alpha>0)$ 是 Γ(伽马)函数.

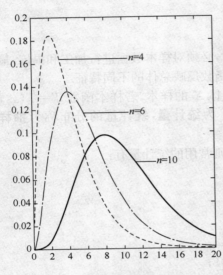

图 5-4　χ^2 分布的概率密度

定义中的自由度就是统计量的表达式中能独立变化的变量个数,因为样本中的随机变量是相互独立的,所以在 $X=x_1^2+x_2^2+\cdots+x_n^2$ 中能独立变化的变量个数是 n.

该密度函数的图像是一个只取非负值的偏态分布(图 5-4),随着 n 的增大,曲线的峰值向右移动,图形变得比较扁平并趋于对称.

定义 5.3.2　当随机变量 $X\sim\chi^2(n)$ 时,对给定 $\alpha(0<\alpha<1)$,称满足

$$p(X\leqslant\lambda)=\int_{-\infty}^{\lambda}f(x)dx=\alpha$$

的实数 λ 为自由度为 n 的 χ^2 分布的 α 分位数,记为 $\chi_\alpha^2(n)$,其值可以从附表中查到.

如 $n=10,\alpha=0.95$,那么从附表上可查得 $\chi_{0.95}^2(10)=18.31$.

定理 5.3.1　若 $X\sim\chi^2(m)$,$Y\sim\chi^2(n)$,且 X 与 Y 相互独立,则

(1) $E(X)=m,D(X)=2m$;

(2) $X+Y\sim\chi^2(m+n)$.

5.3.2　t 分布

定义 5.3.3　设随机变量 X 与 Y 独立,且 $X\sim N(0,1)$,$Y\sim\chi^2(n)$,则称随机变量

$$T=\frac{X}{\sqrt{Y/n}}$$

服从**自由度为** n **的** t **分布**,记为 $T\sim t(n)$,其密度函数为

$$f(x)=\frac{\Gamma\left(\dfrac{n+1}{2}\right)}{\sqrt{n\pi}\,\Gamma\left(\dfrac{n}{2}\right)}\left(1+\frac{x^2}{n}\right)^{-\frac{n+1}{2}}.$$

t 分布的密度函数的图像关于纵轴对称,与标准正态分布的密度函数的图像形状类似,只是峰比标准正态分布低一些,尾部的概率比标准正态分布的大一些.

可以证明,当自由度 n 无限增大时,t 分布将趋近于标准正态分布 $N(0,1)$. 事实上,当 $n>30$ 时,它们的分布曲线就差不多是相同的了(图 5-5).

定义 5.3.4　当随机变量 $T \sim t(n)$ 时,对给定 $\alpha(0<\alpha<1)$,称满足

$$p(T \leqslant \lambda) = \int_{-\infty}^{\lambda} f(x)\mathrm{d}x = \alpha$$

的实数 λ 为**自由度为 n 的 t 分布的 α 分位数**,记为 $t_\alpha(n)$,其值可以从附表中查到.

如 $n=10$,$\alpha=0.95$,那么从附表上可查得 $t_{0.95}(10)=1.812$. 由于 t 分布的密度函数关于纵轴对称,故其分位数间有如下关系 $t_\alpha(n)=-t_{1-\alpha}(n)$.

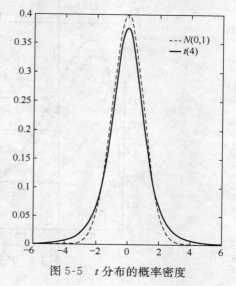

图 5-5　t 分布的概率密度

5.3.3　F 分布

定义 5.3.5　设 $X \sim \chi^2(m)$,$Y \sim \chi^2(n)$,且 X 与 Y 相互独立,则称随机变量

$$F = \frac{X/m}{Y/n}$$

服从**第一自由度为 m(分子自由度),第二自由度为 n(分母自由度)的 F 分布**,记为 $F \sim F(m,n)$,其密度函数为

$$f(x;m,n)=\frac{\Gamma\left(\dfrac{m+n}{2}\right)}{\Gamma\left(\dfrac{m}{2}\right)\Gamma\left(\dfrac{n}{2}\right)} m^{\frac{m}{2}} n^{\frac{n}{2}} x^{\frac{m}{2}-1}(n+mx)^{-\frac{m+n}{2}} \quad (x>0).$$

定义 5.3.6　当随机变量 $F \sim F(m,n)$ 时,对给定 $\alpha(0<\alpha<1)$,称满足

$$p(F \leqslant \lambda) = \int_{-\infty}^{\lambda} f(x)\mathrm{d}x = \alpha$$

的实数 λ 为**自由度为 m 与 n 的 F 分布的 α 分位数**,记为 $F_\alpha(m,n)$,其值可以从附表中查到.

F 分布的密度函数的图像也是一个只取非负值的偏态分布(图 5-6).

定理 5.3.2　(1) 若 $X \sim t(n)$,则 $X^2 \sim F(1,n)$;

(2) 若 $F \sim F(m,n)$,则

$$\frac{1}{F} \sim F(n,m), \quad F_\alpha(m,n)=\frac{1}{F_{1-\alpha}(n,m)}.$$

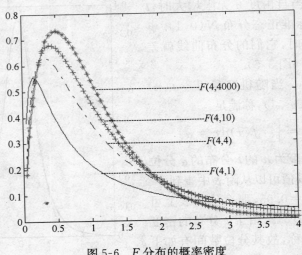

图 5-6　F 分布的概率密度

如 $m=9, n=10, \alpha=0.95$，那么从附表上可查得 $F_{0.95}(9,10)=3.02$ 以及

$$F_{0.05}(9,10) = \frac{1}{F_{0.95}(10,9)} = \frac{1}{3.14} \approx 0.3185.$$

5.3.4　一些重要结论

定理 5.3.3　设 $x_1, x_2, \cdots, x_n$ 是来自总体 $N(\mu, \sigma^2)$ 的样本，其样本均值和样本方差分别为 $\bar{x} = \dfrac{1}{n} \sum_{i=1}^{n} x_i$ 和 $s^2 = \dfrac{1}{n-1} \sum_{i=1}^{n} (x_i - \bar{x})^2$，则有：

(1) $\bar{x}$ 与 s^2 相互独立；

(2) $\bar{x} \sim N\left(\mu, \dfrac{\sigma^2}{n}\right)$；

(3) $\dfrac{(n-1)s^2}{\sigma^2} \sim \chi^2(n-1)$.

证明略.

推论 5.3.1　在定理 5.3.3 的记号下，有

$$T = \frac{\bar{x} - \mu}{s/\sqrt{n}} \sim t(n-1).$$

证明　因为 $\bar{x} \sim N\left(\mu, \dfrac{\sigma^2}{n}\right)$，则

$$\frac{\bar{x} - \mu}{\sigma/\sqrt{n}} \sim N(0,1).$$

由 $\bar{x}$ 与 s^2 相互独立知 $\dfrac{\bar{x}-\mu}{\sigma/\sqrt{n}}$ 与 $\dfrac{(n-1)s^2}{\sigma^2}$ 也相互独立.

再由 $\dfrac{(n-1)s^2}{\sigma^2} \sim \chi^2(n-1)$ 及 t 分布的定义可得

$$\frac{\dfrac{\bar{x}-\mu}{\sigma/\sqrt{n}}}{\sqrt{\dfrac{(n-1)s^2}{\sigma^2}/(n-1)}} = \frac{\bar{x}-\mu}{s/\sqrt{n}} \sim t(n-1).$$

推论 5.3.2　设 $x_1, x_2, \cdots, x_m$ 是来自 $N(\mu_1, \sigma_1^2)$ 的样本，$y_1, y_2, \cdots, y_n$ 是来自 $N(\mu_2, \sigma_2^2)$ 的样本，且此两样本相互独立，则有

$$F = \frac{s_x^2/\sigma_1^2}{s_y^2/\sigma_2^2} \sim F(m-1, n-1),$$

其中

$$s_x^2 = \frac{\sum\limits_{i=1}^{m}(x_i-\bar{x})^2}{m-1}, \quad s_y^2 = \frac{\sum\limits_{i=1}^{n}(y_i-\bar{y})^2}{n-1}.$$

证明　由定理知 $\dfrac{(m-1)s_x^2}{\sigma_1^2} \sim \chi^2(m-1)$，$\dfrac{(n-1)s_y^2}{\sigma_2^2} \sim \chi^2(n-1)$，由独立性以及 F 分布的定义得

$$\frac{\dfrac{(m-1)s_x^2}{\sigma_1^2}/(m-1)}{\dfrac{(n-1)s_y^2}{\sigma_2^2}/(n-1)} = \frac{s_x^2/\sigma_1^2}{s_y^2/\sigma_2^2} \sim F(m-1, n-1).$$

特别地，若 $\sigma_1^2 = \sigma_2^2$，则 $F = s_x^2/s_y^2 \sim F(m-1, n-1)$.

推论 5.3.3　在推论 5.3.2 的记号下，若

$$\sigma_1^2 = \sigma_2^2 = \sigma^2, \quad s_w^2 = \frac{(m-1)s_x^2 + (n-1)s_y^2}{m+n-2},$$

则

$$\frac{(\bar{x}-\bar{y}) - (\mu_1-\mu_2)}{s_w\sqrt{\dfrac{1}{m} + \dfrac{1}{n}}} \sim t(m+n-2).$$

证明　当 $\sigma_1^2 = \sigma_2^2 = \sigma^2$ 时，则 $\bar{x} \sim N\left(\mu_1, \dfrac{\sigma^2}{m}\right)$，$\bar{y} \sim N\left(\mu_2, \dfrac{\sigma^2}{n}\right)$，于是

$$\bar{x} - \bar{y} \sim N\left(\mu_1 - \mu_2, \dfrac{\sigma^2}{m} + \dfrac{\sigma^2}{n}\right),$$

进一步有

$$\frac{(\bar{x}-\bar{y})-(\mu_1-\mu_2)}{\sigma\sqrt{\dfrac{1}{m}+\dfrac{1}{n}}}\sim N(0,1).$$

另一方面，$\dfrac{(m-1)s_x^2}{\sigma^2}\sim\chi^2(m-1)$ 与 $\dfrac{(n-1)s_y^2}{\sigma^2}\sim\chi^2(n-1)$，由 χ^2 分布的性质知

$$\frac{(m-1)s_x^2}{\sigma^2}+\frac{(n-1)s_y^2}{\sigma^2}\sim\chi^2(m+n-2),$$

于是

$$\frac{\dfrac{(\bar{x}-\bar{y})-(\mu_1-\mu_2)}{\sigma\sqrt{\dfrac{1}{m}+\dfrac{1}{n}}}}{\sqrt{s_w^2/\sigma^2}}\sim t(m+n-2)$$

即

$$\frac{(\bar{x}-\bar{y})-(\mu_1-\mu_2)}{s_w\sqrt{\dfrac{1}{m}+\dfrac{1}{n}}}\sim t(m+n-2).$$

例 5.3.1 设 $x_1,x_2,\cdots,x_{24}$ 是来自正态总体 $N(0,9)$ 的样本，则（　　）.

A. $\dfrac{\sum\limits_{i=1}^{24}x_i}{24}\sim N(0,1)$　　　　　　B. $\dfrac{\sum\limits_{i=1}^{12}x_i}{\sqrt{\sum\limits_{i=13}^{24}x_i}}\sim t(12)$

C. $\dfrac{x_1}{x_2}\sim t(1)$　　　　　　　　　D. $\dfrac{(x_1+x_2)^2}{(x_3-x_4)^2}\sim F(2,2)$

解 答案为 C.

例 5.3.2 设 $x_1,x_2,\cdots,x_{25}$ 是来自正态总体 $N(3,100)$ 的样本，求概率
$$p(0<\bar{x}<6,57.7<s^2<151.73).$$

解 由上述结论得 $\bar{x}\sim N(3,4)$、$\dfrac{24}{100}s^2\sim\chi^2(24)$，于是有

$$p(0<\bar{x}<6,57.7<s^2<151.73)$$
$$=p(0<\bar{x}<6)p(57.7<s^2<151.73)$$
$$=p\left(-1.5<\frac{\bar{x}-3}{2}<1.5\right)p\left(13.848<\frac{24}{100}s^2<36.4152\right)$$
$$=(2\Phi(1.5)-1)\left[p\left(\frac{24}{100}s^2<36.4152\right)-p\left(\frac{24}{100}s^2<13.848\right)\right]$$
$$=(2\times0.9332-1)(0.95001-0.04998)=0.7798.$$

例 5.3.3　设 $x_1, x_2, \cdots, x_9$ 是来自正态总体 $N(\mu, \sigma^2)$ 的样本，且 $Y_1 = \frac{1}{6}(x_1 + x_2 + \cdots + x_6)$，$Y_2 = \frac{1}{3}(x_7 + x_8 + x_9)$，$S^2 = \frac{1}{2}\sum_{i=7}^{9}(x_i - Y_2)^2$，求证

$$Z = \frac{\sqrt{2}(Y_1 - Y_2)}{S} \sim t(2).$$

证明　显然 $Y_1 \sim N\left(\mu, \frac{\sigma^2}{6}\right)$，$Y_2 \sim N\left(\mu, \frac{\sigma^2}{3}\right)$，于是

$$Y_1 - Y_2 \sim N\left(0, \frac{\sigma^2}{2}\right),$$

从而 $U = \dfrac{Y_1 - Y_2}{\sigma/\sqrt{2}} \sim N(0, 1).$

由 Y_1 与 Y_2 独立、Y_1 与 S^2 及 Y_2 与 S^2 独立，可知 $Y_1 - Y_2$ 与 S^2 独立. 再由 $V = \dfrac{2S^2}{\sigma^2} \sim \chi^2(2)$，可得

$$\frac{U}{\sqrt{V/2}} = \frac{\sqrt{2}(Y_1 - Y_2)}{S} \sim t(2).$$

习 题 五

A 组

1. 某学校学生会进行问卷调查了解大学生使用手机的情况，该项研究中总体和样本各是什么？

2. 为了解经济系管理专业本科毕业生工作后的就业情况，调查了某地区 30 名 2010 年毕业的管理专业本科生工作后的月薪情况. 该项研究中总体和样本各是什么？ 样本容量是多少？

3. 某厂生产的晶体管的使用寿命服从指数分布，为了解其平均寿命，从中抽出 n 件产品检测，什么是总体、样本？ 样本的分布是什么？

4. 某工厂通过抽样调查得到 5 名工人一周内生产的产品数为 149，156，160，138，149. 求样本均值和样本方差.

5. 假设某地区 30 名 2010 年毕业的管理专业本科生工作后的月薪（单位：元）数据如下：

1909，　2086，　2120，　1999，　2320，　2091，　2071，　2081，　2132，　2336，
2572，　1825，　1914，　1992，　2232，　1950，　1775，　2203，　2025，　2096，
2224，　2044，　1871，　2164，　1971，　1950，　1866，　1738，　1967，　1808.

作频率分布表（分 6 组）以及画出频率直方图.

6. 设总体 $X \sim N(\mu, \sigma^2)$,假如要以 0.9606 的概率保证偏差 $|\bar{x} - \mu| < 0.1$,问当 $\sigma^2 = 0.25$ 时,样本容量应取多大?

7. 从一个正态总体 $X \sim N(\mu, \sigma^2)$ 中抽取容量为 10 的样本,且 $p(|\bar{x} - \mu| > 4) = 0.02$,求 σ.

8. 设在总体 $X \sim N(\mu, \sigma^2)$ 抽取一个容量为 16 的样本,这里 μ, σ^2 均未知,求 $p\left(\dfrac{s^2}{\sigma^2} \leqslant 1.664\right)$.

9. 设总体 $X \sim N(\mu, 16)$,x_1、x_2、$\cdots$、x_{10} 为取自该总体的样本,已知 $p(s^2 > a) = 0.1$,求常数 a.

10. 设总体 $X \sim N(\mu, \sigma^2)$,$x_1, x_2, \cdots, x_n$ 为取自该总体的样本,求:

(1) $p\left((\bar{x} - \mu)^2 \leqslant \dfrac{\sigma^2}{n}\right)$;

(2) 当样本容量很大时,$p\left((\bar{x} - \mu)^2 \leqslant \dfrac{2s^2}{n}\right)$;

(3) 当样本容量等于 6 时,$p\left((\bar{x} - \mu)^2 \leqslant \dfrac{2s^2}{3}\right)$.

11. 设 $x_1, x_2, \cdots, x_{10}$ 为取自总体 $X \sim N(0, 0.09)$ 的样本,求 $p\left(\sum\limits_{i=1}^{10} x_i^2 > 1.44\right)$.

12. 设 $x_1, x_2, \cdots, x_n$ 是取自总体 $X \sim N(\mu, \sigma^2)$ 的样本,$\bar{x}$ 为样本均值,又记 $s_1^2 = \dfrac{1}{n-1} \sum\limits_{i=1}^{n} (x_i - \bar{x})^2$,$s_2^2 = \dfrac{1}{n} \sum\limits_{i=1}^{n} (x_i - \bar{x})^2$,$s_3^2 = \dfrac{1}{n-1} \sum\limits_{i=1}^{n} (x_i - \mu)^2$,$s_4^2 = \dfrac{1}{n} \sum\limits_{i=1}^{n} (x_i - \mu)^2$,则服从分布 $t(n-1)$ 的随机变量 $T = $　　　　　　　　(　　)

A. $\dfrac{\bar{x} - \mu}{s_1/\sqrt{n-1}}$ 　　B. $\dfrac{\bar{x} - \mu}{s_2/\sqrt{n-1}}$ 　　C. $\dfrac{\bar{x} - \mu}{s_3/\sqrt{n-1}}$ 　　D. $\dfrac{\bar{x} - \mu}{s_4/\sqrt{n-1}}$

13. 若 $T \sim t(n)$,则 T^2 服从什么分布?

B 组

1. 设 $x_1, x_2, \cdots, x_9$ 为取自总体 $X \sim N(0, 4)$ 的样本,求常数 a, b, c 使得 $Q = a(x_1 + x_2)^2 + b(x_3 + x_4 + x_5)^2 + c(x_6 + x_7 + x_8 + x_9)^2$ 服从 χ^2 分布,并求其自由度.

2. 设有 k 个正态总体 $X_i \sim N(\mu_i, \sigma^2)$,从第 i 个总体中抽取容量为 n_i 的样本 $x_{i1}, x_{i2}, \cdots, x_{in_i}$,且各组样本间相互独立,记 $\bar{x}_i = \dfrac{1}{n_i} \sum\limits_{j=1}^{n_i} x_{ij} (i = 1, 2, \cdots, k)$,$n = n_1 +$

$n_2 + \cdots + n_k$，求 $W = \dfrac{1}{\sigma^2} \sum\limits_{i=1}^{k} \sum\limits_{j=1}^{n_i} (x_{ij} - \bar{x}_i)^2$ 的分布.

3. 设随机变量 X, Y 相互独立且都服从标准正态分布，而 $x_1, x_2, \cdots, x_9$ 和 $y_1,$ $y_2, \cdots, y_9$ 分别是取自总体 X, Y 的相互独立的简单随机样本，求统计量 $Z = \dfrac{x_1 + x_2 + \cdots + x_9}{\sqrt{y_1^2 + y_2^2 + \cdots + y_9^2}}$ 的分布.

4. 设总体 $X \sim N(\mu, \sigma^2)$，从中取出样本 $x_1, x_2, \cdots, x_n, x_{n+1}$，记 $\bar{x}_n = \dfrac{1}{n} \sum\limits_{i=1}^{n} x_i$、$s_n^2 = \dfrac{1}{n-1} \sum\limits_{i=1}^{n} (x_i - \bar{x}_n)^2$，求证 $\sqrt{\dfrac{n}{n+1}} \dfrac{x_{n+1} - \bar{x}_n}{s_n} \sim t(n-1)$.

5. 设总体 $X \sim N(0, 4)$，而 $x_1, x_2, \cdots, x_{15}$ 为取自该总体的样本，则随机变量 $Y = \dfrac{x_1^2 + x_2^2 + \cdots + x_{10}^2}{2(x_{11}^2 + x_{12}^2 + \cdots + x_{15}^2)}$ 服从的分布是什么？

6. 设总体 $X \sim N(0, 1)$，$x_1, x_2, \cdots, x_n$ 为取自该总体的样本，求

$$V = \left(\frac{n}{5} - 1 \right) \frac{\sum\limits_{i=1}^{5} x_i^2}{\sum\limits_{i=6}^{n} x_i^2} \quad (n > 5)$$

的分布.

第 6 章 参 数 估 计

在数理统计中,人们经常遇到的问题是如何根据样本所提供的信息,对总体的种种统计特征进行推断.当总体的分布类型已知,未知的仅是它的一个或多个参数时,相应的统计推断就称为**参数统计推断**,否则称为**非参数统计推断**.本章所要讨论的问题就是在总体分布类型已知的情况下,估计其未知参数的值,这类问题称为**参数估计**.

6.1 点 估 计

一般地,设 $x_1, x_2, \cdots, x_n$ 是来自总体的一个样本,θ 为总体 X 的分布函数中的未知参数,参数 θ 所有可能取值组成的集合称为**参数空间**,常用 Θ 表示.若用统计量 $\hat{\theta}(x_1, x_2, \cdots, x_n)$ 的取值作为参数 θ 的估计值,则称 $\hat{\theta}(x_1, x_2, \cdots, x_n)$ 是 θ 的**点估计量**,其取值称为 θ 的**点估计值**.通常点估计量和点估计值统称为**点估计**.如何构造估计量呢? 常用的办法是根据某种原则建立起估计量应满足的方程,然后再求解这个方程,最典型的是矩估计法和最大似然估计法.

6.1.1 矩估计法

矩估计法的基本思想就是利用样本的各阶矩去替换与之相应的总体矩(这里的矩可以是原点矩也可以是中心矩),建立估计量应满足的方程,然后求出未知参数的估计.这种方法称为**矩估计法**,简称**矩法**.比如,用样本均值 $\bar{x}$ 估计总体均值 $E(X)$,用样本方差 s^2 估计总体方差 $D(X)$.

设总体 X 的分布中有 k 个待估参数 $\theta_1, \theta_2, \cdots, \theta_k, x_1, x_2, \cdots, x_n$ 是来自 X 的样本,则矩法求参数估计的步骤如下:

(1) 计算总体 X 的 k 阶原点矩 $E(X^k)$,其一般是待估参数 $\theta_1, \theta_2, \cdots, \theta_k$ 的函数,记为 $\mu_k(\theta_1, \theta_2, \cdots, \theta_k)$;

(2) 用样本 k 阶原点矩替换总体 k 阶原点矩,可得如下方程组

$$
\begin{cases}
\mu_1(\theta_1, \theta_2, \cdots, \theta_k) = a_1 \\
\mu_2(\theta_1, \theta_2, \cdots, \theta_k) = a_2 \\
\cdots\cdots \\
\mu_k(\theta_1, \theta_2, \cdots, \theta_k) = a_k
\end{cases} ;
$$

（3）解此方程组得

$$\begin{cases} \theta_1 = \hat{\theta}_1(x_1, x_2, \cdots, x_n) \\ \theta_2 = \hat{\theta}_2(x_1, x_2, \cdots, x_n) \\ \cdots\cdots \\ \theta_k = \hat{\theta}_k(x_1, x_2, \cdots, x_n) \end{cases}$$

则 $\theta_r = \hat{\theta}_r(x_1, x_2, \cdots, x_n)$ 就是 $\theta_r(r=1,2,\cdots,k)$ 的矩估计量；其值就是 $\theta_r(r=1, 2,\cdots,k)$ 的矩估计值.

例 6.1.1 设 $x_1, x_2, \cdots, x_n$ 为来自于总体 $X \sim N(\mu, \sigma^2)$ 的样本，其中 μ, σ^2 是未知参数，试求 μ, σ^2 的矩估计量.

解 由于正态分布，有

$$E(X) = \mu, \quad D(X) = \sigma^2.$$

再由

$$\begin{cases} E(X) = \dfrac{1}{n} \sum_{i=1}^{n} x_i \\ D(X) = \dfrac{1}{n} \sum_{i=1}^{n} (x_i - \overline{x})^2 \end{cases}$$

可解得 μ, σ^2 的矩估计量分别为

$$\begin{cases} \hat{\mu} = \dfrac{1}{n} \sum_{i=1}^{n} x_i \\ \hat{\sigma}^2 = \dfrac{1}{n} \sum_{i=1}^{n} (x_i - \overline{x})^2 \end{cases}.$$

例 6.1.2 设总体 $X \sim U(a,b)$, $x_1, x_2, \cdots, x_n$ 为取自总体 X 的样本，试求参数 a,b 的矩估计量.

解 由于对于均匀分布 $U(a,b)$，有

$$E(X) = \frac{a+b}{2}, \quad D(X) = \frac{(b-a)^2}{12}.$$

再由

$$\begin{cases} E(X) = \dfrac{1}{n} \sum_{i=1}^{n} x_i \\ D(X) = \dfrac{1}{n} \sum_{i=1}^{n} (x_i - \overline{x})^2 \end{cases}$$

可解得 μ, σ^2 的矩估计量分别为

$$\begin{cases} \hat{a} = \overline{x} - \sqrt{3}s, \\ \hat{b} = \overline{x} + \sqrt{3}s, \end{cases}$$

其中 $s = \sqrt{\dfrac{1}{n} \sum_{i=1}^{n} (x_i - \overline{x})^2}$.

例 6.1.3 设总体 X 的概率密度函数为

$$f(x;\beta) = \begin{cases} \dfrac{6}{\beta^2}(\beta - x), & 0 < x < \beta, \\ 0, & \text{其他} \end{cases}$$

$x_1, x_2, \cdots, x_n$ 为来自 X 的样本,求 β 的矩估计量.

解 由于

$$E(X) = \int_0^\beta x \frac{6}{\beta^2}(\beta - x)\mathrm{d}x = \frac{6}{\beta^2} \int_0^\beta (\beta x - x^2)\mathrm{d}x = \beta.$$

再由 $E(X) = \dfrac{1}{n} \sum_{i=1}^{n} x_i$,可得 β 的矩估计量为 $\hat{\beta} = \overline{x}$.

6.1.2 最大似然估计法

最大似然估计法就是在 θ 的一切可能取值中选出一个使样本观测值出现概率最大的 $\hat{\theta}$ 作为 θ 的估计.

定义 6.1.1 设 $x_1, x_2, \cdots, x_n$ 为取自总体 X 的样本,总体 X 的概率函数为 $f(x; \theta_1 \cdots, \theta_k), \theta_r \in \Theta(r = 1, 2, \cdots, k)$,则 $(x_1, x_2, \cdots, x_n)$ 的联合概率函数为

$$L(x_1, \cdots, x_n; \theta_1, \cdots, \theta_k) = \prod_{i=1}^{n} f(x_i; \theta_1, \cdots, \theta_k),$$

$L(x_1, \cdots, x_n; \theta_1, \cdots, \theta_k)$ 称为**似然函数**,简记为 $L(\theta)$;若有 $\hat{\theta}(x_1, x_2, \cdots, x_n) \in \Theta$ 使得

$$L(\hat{\theta}) = \max\{L(x_1, \cdots, x_n; \theta_1, \cdots, \theta_k)\},$$

则称 $\hat{\theta}_1(x_1, \cdots, x_n), \cdots, \hat{\theta}_k(x_1, \cdots, x_n)$ 分别为参数 $\theta_1, \cdots, \theta_k$ 的**最大似然估计量**,其值称为**最大似然估计值**.

根据定义,可得求最大似然估计的步骤如下:

(1) 根据总体 X 的概率函数求出似然函数

$$L(\theta) = \prod_{i=1}^{n} f(x_i; \theta_1, \cdots, \theta_k);$$

(2) 对似然函数取对数得

$$\ln L(\theta) = \sum_{i=1}^{n} \ln f(x_i; \theta_1, \cdots, \theta_k);$$

(3) 将 $\ln L(\theta)$ 分别对 $\theta_1, \theta_2, \cdots, \theta_k$ 求偏导,并令其等于 0 得方程

$$\begin{cases} \dfrac{\partial \ln L(\theta)}{\partial \theta_1} = 0 \\ \cdots\cdots \\ \dfrac{\partial \ln L(\theta)}{\partial \theta_r} = 0 \end{cases},$$

该方程称为**似然方程**；

（4）解得参数 $\theta_1, \cdots, \theta_k$ 的最大似然估计量 $\hat{\theta}_1, \cdots, \hat{\theta}_k$.

例 6.1.4 设某电子元件失效时间服从参数为 λ 的指数分布,其中 λ 未知,现从中抽取了 n 个元件测得其失效时间为 $x_1, x_2, \cdots, x_n$,试求 λ 的最大似然估计量.

解 由题意知,总体的密度函数为

$$f(x;\lambda) = \begin{cases} \lambda e^{-\lambda x}, & x \geqslant 0 \\ 0, & x < 0 \end{cases},$$

从而似然函数

$$L(\lambda) = \prod_{i=1}^{n} \lambda e^{-\lambda x_i} = \lambda^n e^{-\lambda \sum\limits_{i=1}^{n} x_i},$$

取对数得

$$\ln L(\lambda) = n \ln \lambda - \lambda \sum_{i=1}^{n} x_i,$$

对 λ 求导得似然方程

$$\frac{\mathrm{d}}{\mathrm{d}\lambda} \ln L(\lambda) = \frac{n}{\lambda} - \sum_{i=1}^{n} x_i = 0,$$

解得

$$\hat{\lambda} = \frac{n}{\sum\limits_{i=1}^{n} x_i} = \frac{1}{\bar{x}}.$$

可验证 $\hat{\lambda}$ 使 $L(\lambda)$ 达到最大,故 λ 的最大似然估计量是 $\hat{\lambda} = \frac{1}{\bar{x}}$.

例 6.1.5 设 $x_1, x_2, \cdots, x_n$ 为取自总体 $X \sim U(0, \theta)$ 的样本,其中 $\theta > 0$ 未知,求参数 θ 的最大似然估计量.

解 由题意知,总体 X 的密度函数为

$$f(x;\theta) = \begin{cases} \dfrac{1}{\theta}, & 0 \leqslant x \leqslant \theta \\ 0, & \text{其他} \end{cases},$$

从而似然函数

$$L(\theta) = \prod_{i=1}^{n} f(x_i;\theta) = \begin{cases} \dfrac{1}{\theta^n}, & 0 \leqslant x_i \leqslant \theta, (i = 1, 2, \cdots, n) \\ 0, & \text{其他} \end{cases}.$$

由于 $\theta > 0$,因而 $L(\theta)$ 随着 θ 的减少而增大,而 $\theta \geqslant \max\limits_{1 \leqslant i \leqslant n} \{x_i\}$,故当 $\hat{\theta} = \max\limits_{1 \leqslant i \leqslant n} \{x_i\}$ 时,$L(\theta)$ 达到最大,所以 θ 的最大似然估计量是 $\hat{\theta} = \max\limits_{1 \leqslant i \leqslant n} \{x_i\}$.

例 6.1.6 设总体 X 服从参数为 λ 的泊松分布,其中未知参数 $\lambda > 0$,求 λ 的最大似然估计量.

解　设 $x_1, x_2, \cdots, x_n$ 为取自总体 X 的样本,由题意知,总体 X 的概率函数为

$$p(X=k) = \frac{\lambda^k e^{-\lambda}}{k!} \quad (k=0,1,2,\cdots),$$

从而似然函数

$$L(\lambda) = \prod_{i=1}^{n} \frac{\lambda^{x_i}}{x_i!} e^{-\lambda},$$

取对数得

$$\ln L(\lambda) = -n\lambda + \sum_{i=1}^{n} x_i \ln\lambda - \sum_{i=1}^{n} \ln(x_i!),$$

对 λ 求导得似然方程

$$\frac{\mathrm{d}}{\mathrm{d}\lambda} \ln L(\lambda) = -n + \frac{1}{\lambda} \sum_{i=1}^{n} x_i = 0,$$

解得

$$\hat{\lambda} = \bar{x}$$

可验证当 $\hat{\lambda} = \bar{x}$ 时,$L(\lambda)$ 达到最大值. 从而 λ 的极大似然估计量为 $\hat{\lambda} = \bar{x}$.

6.2　估计量的评价标准

由前节知,估计量是样本的函数,因此它也是一个随机变量,对于总体的参数 θ,可用不同的估计方法得其估计量. 方法不同,所得估计量就不一定相同. 换句话说,就是同一个参数会有多个估计量,那么,选择哪一个估计量作为 θ 的估计量更好呢?

6.2.1　无偏性

估计量是一个随机变量,故它有一定的波动性,而人们自然希望它在待估参数的真值附近波动,这就是所谓的"无偏性".

定义 6.2.1　设 $\hat{\theta}(x_1, x_2, \cdots, x_n)$ 是未知参数 θ 的估计量,若有
$$E(\hat{\theta}) = \theta,$$
则称 $\hat{\theta}(x_1, x_2, \cdots, x_n)$ 是 θ 的一个**无偏估计量**.

例 6.2.1　设 $x_1, x_2, \cdots, x_n$ 是来自正态分布 $N(\mu, \sigma^2)$ 的一个样本. 证明:

(1) $\hat{\mu} = \bar{x}$ 是总体均值 μ 的无偏估计量;

(2) $\hat{\sigma}^2 = s^2 = \dfrac{1}{n-1} \sum_{i=1}^{n} (x_i - \bar{x})^2$ 是总体方差 σ^2 的无偏估计量.

证明　(1) 由于 $x_1, x_2, \cdots, x_n$ 是来自 $N(\mu, \sigma^2)$ 的一个样本,于是
$$E(X_i) = \mu \quad (i=1,2,\cdots,n),$$

则

$$E(\bar{x}) = \frac{1}{n}E\left(\sum_{i=1}^{n}x_i\right) = \frac{1}{n}\sum_{i=1}^{n}E(x_i) = \mu,$$

所以, $\hat{\mu} = \bar{x}$ 是总体均值 μ 的无偏估计量.

(2) 由于 $\dfrac{(n-1)s^2}{\sigma^2} \sim \chi^2(n-1)$, 则

$$E\left[\frac{(n-1)s^2}{\sigma^2}\right] = n-1,$$

$$E(s^2) = \sigma^2,$$

所以, $\hat{\sigma}^2 = s^2$ 是总体方差 σ^2 的无偏估计量.

例 6.2.2　设 x_1, x_2, x_3 是来自总体 X 的一个样本, 总体 X 的均值 μ 未知, 试证下列统计量都是 μ 的无偏统计量.

(1) $\hat{\mu}_1 = \dfrac{1}{3}(x_1 + x_2 + x_3)$;

(2) $\hat{\mu}_2 = \dfrac{1}{2}x_1 + \dfrac{1}{6}x_2 + \dfrac{1}{3}x_3$;

(3) $\hat{\mu}_3 = \dfrac{1}{5}x_1 + \dfrac{3}{10}x_2 + \dfrac{1}{2}x_3$.

证明　因为 x_1, x_2, x_3 是来自总体 X 的样本 X_1, X_2, X_3, 从而有

$$E(\hat{\mu}_1) = \frac{1}{3}[E(x_1) + E(x_2) + E(x_3)] = \frac{1}{3}(\mu + \mu + \mu) = \mu,$$

$$E(\hat{\mu}_2) = \frac{1}{2}E(x_1) + \frac{1}{6}E(x_2) + \frac{1}{3}E(x_3) = \frac{1}{2}\mu + \frac{1}{6}\mu + \frac{1}{3}\mu = \mu,$$

$$E(\hat{\mu}_3) = \frac{1}{5}E(x_1) + \frac{3}{10}E(x_2) + \frac{1}{2}E(x_3) = \frac{1}{5}\mu + \frac{3}{10}\mu + \frac{1}{2}\mu = \mu,$$

所以, $\hat{\mu}_1, \hat{\mu}_2, \hat{\mu}_3$ 均为 μ 的无偏估计量.

6.2.2　有效性

未知参数 θ 的无偏估计 $\hat{\theta}$ 通常不止一个, 而且无偏性只要求估计量不要有系统偏差, 对于 $\hat{\theta}$ 偏离 θ 真值的程度没有作进一步要求, 有时 $\hat{\theta}$ 与 θ 的差很可能比较大, 但该差正负相抵仍能满足无偏性, 这显然不合理, 因此, 人们希望估计量的方差尽可能小, 一般情况下, 方差越小越有效, 这便是所谓的"有效性".

定义 6.2.2　设 $\hat{\theta}_1$ 和 $\hat{\theta}_2$ 都是未知参数 θ 的无偏估计量, 若有

$$D(\hat{\theta}_1) < D(\hat{\theta}_2),$$

则称 $\hat{\theta}_1$ 比 $\hat{\theta}_2$ **有效**.

例 6.2.3　在例 6.2.2 中, 参数 μ 的三个无偏估计量 $\hat{\mu}_1, \hat{\mu}_2, \hat{\mu}_3$ 哪一个更有效?

解　设总体 X 的方差 $D(X)=\sigma^2$,则有

$$D(X_i)=\sigma^2 \quad (i=1,2,3),$$

于是

$$D(\hat{\mu}_1)=\frac{1}{9}\big[D(x_1)+D(x_2)+D(x_3)\big]=\frac{1}{9}(\sigma^2+\sigma^2+\sigma^2)=\frac{1}{3}\sigma^2,$$

$$D(\hat{\mu}_2)=\frac{1}{4}D(x_1)+\frac{1}{36}D(x_2)+\frac{1}{9}D(x_3)=\frac{1}{4}\sigma^2+\frac{1}{36}\sigma^2+\frac{1}{9}\sigma^2=\frac{7}{18}\sigma^2,$$

$$D(\hat{\mu}_3)=\frac{1}{25}D(x_1)+\frac{9}{100}D(x_2)+\frac{1}{4}D(x_3)=\frac{1}{25}\sigma^2+\frac{9}{100}\sigma^2+\frac{1}{4}\sigma^2=\frac{19}{50}\sigma^2,$$

由于 $D(\hat{\mu}_1)<D(\hat{\mu}_3)<D(\hat{\mu}_2)$. 因此 $\hat{\mu}_1$ 最有效.

6.2.3　相合性

对于未知参数 θ 的估计量 $\hat{\theta}$,人们不仅希望它是无偏的,同时也希望它是有效的. 但是估计量的无偏性和有效性都是在样本容量固定的条件下提出的,而 $\hat{\theta}$ 依赖于样本的容量 n,人们自然希望当 n 越大时,对 θ 的估计越精确. 为此,引入相合性的概念.

定义 6.2.3　设 $\hat{\theta}$ 是未知参数 θ 的估计量,若对于任给的 $\varepsilon>0$,有

$$\lim_{n\to+\infty} p(|\hat{\theta}-\theta|<\varepsilon)=1,$$

则称 $\hat{\theta}$ 是 θ 的**相合估计量**(或**一致估计量**).

例 6.2.4　设 $x_1,x_2,\cdots,x_n$ 是来自总体 X 的一个样本,总体 X 的均值 μ,方差 σ^2. 证明:样本均值 $\bar{x}=\dfrac{1}{n}\sum_{i=1}^{n}x_i$ 是总体均值 μ 的相合估计量.

证明　因为 $x_1,x_2,\cdots,x_n$ 相互独立,且与总体 X 服从相同的分布,从而有

$$E(x_i)=\mu, \quad D(x_i)=\sigma^2 \quad (i=1,2,\cdots,n),$$

则

$$\frac{1}{n}\sum_{i=1}^{n}E(x_i)=\mu.$$

再由切比雪夫大数定理知,对于任意给定的 $\varepsilon>0$,有

$$\lim_{n\to+\infty} p\Big(\Big|\frac{1}{n}\sum_{i=1}^{n}x_i-\frac{1}{n}\sum_{i=1}^{n}E(x_i)\Big|<\varepsilon\Big)=1,$$

即

$$\lim_{n\to+\infty} p(|\bar{x}-\mu|<\varepsilon)=1,$$

所以 $\bar{x}$ 是 μ 的相合估计量.

例 6.2.5　设 $x_1,x_2,\cdots,x_n$ 是来自正态总体 $N(\mu,\sigma^2)$ 的一个样本. 试证: $s^2=$

$$\frac{1}{n-1} \sum_{i=1}^{n} (x_i - \bar{x})^2 \text{ 是 } \sigma^2 \text{ 的相合估计量.}$$

证明 由于 $\frac{(n-1)s^2}{\sigma^2} \sim \chi^2(n-1)$，所以有

$$E\left[\frac{(n-1)s^2}{\sigma^2}\right] = n-1, \quad D\left[\frac{(n-1)s^2}{\sigma^2}\right] = 2(n-1),$$

则

$$E[s^2] = \frac{\sigma^2}{n-1} \cdot (n-1) = \sigma^2, \quad D[s^2] = \frac{\sigma^4}{(n-1)^2} \cdot 2(n-1) = \frac{2\sigma^4}{n-1}.$$

根据切比雪夫不等式有

$$p(|s^2 - \sigma^2| \geqslant \varepsilon) \leqslant \frac{D(s^2)}{\varepsilon^2} = \frac{2\sigma^4}{(n-1)\varepsilon^2} \to 0 \quad (n \to +\infty),$$

则

$$\lim_{n \to +\infty} p(|s^2 - \sigma^2| < \varepsilon) = 1,$$

所以，s^2 是 σ^2 的相合估计量.

6.3 区 间 估 计

参数的点估计虽然能给出未知参数的明确估计值，但这只是参数 θ 的一种近似值，估计值本身既没有反映出这种近似的精度，也没有给出误差的范围，而区间估计正好弥补了点估计的这个弱点. 所谓参数的区间估计，本质上就是寻找两个统计量 $\hat{\theta}_1, \hat{\theta}_2(\hat{\theta}_1 < \hat{\theta}_2)$，使得未知参数 θ 以指定的概率包含在此区间内. 由于 $\hat{\theta}_1, \hat{\theta}_2$ 是两个统计量，所以 $[\hat{\theta}_1, \hat{\theta}_2]$ 实际上是一个随机区间，它随样本 $x_1, x_2, \cdots, x_n$ 取值的变化而变化，它盖住未知参数 θ(即 $\theta \in [\hat{\theta}_1, \hat{\theta}_2]$)是一个随机事件，这个事件的概率大小反映了这个区间估计的可靠程度. 人们自然希望反映可靠程度的概率越大越好，反映精准程度的区间长度越小越好，但在实际问题中两者常常不能同时兼顾. 因此，人们求区间估计的原则是在保证足够可信程度的前提下，尽可能使区间的平均长度短.

6.3.1 置信区间的概念

定义 6.3.1 设总体 X 的分布中含有未知参数 $\theta, x_1, x_2, \cdots, x_n$ 是来自该总体的一个样本，对于给定的 $\alpha(0 < \alpha < 1)$，若有两个统计量 $\hat{\theta}_1(x_1, x_2, \cdots, x_n)$ 和 $\hat{\theta}_2(x_1, x_2, \cdots, x_n)$ 满足

$$p(\hat{\theta}_1 \leqslant \theta \leqslant \hat{\theta}_2) = 1 - \alpha,$$

则称随机区间 $[\hat{\theta}_1, \hat{\theta}_2]$ 为 θ 的**置信水平为 $1-\alpha$ 置信区间**，$\hat{\theta}_1$ 和 $\hat{\theta}_2$ 分别称为 θ 的(双

侧)**置信下限**和**置信上限**.

　　在有些问题中,人们所关心的是未知参数"至少有多大"或"不超过多大". 这就引出了单侧置信区间的概念.

　　定义 6.3.2　沿用定义 6.3.1 的记号,对于给定的 $\alpha(0<\alpha<1)$,若有

$$p(\hat{\theta}_1 \leqslant \theta) = 1 - \alpha,$$

则称 $\hat{\theta}_1$ 为 θ 的置信水平为 $1-\alpha$ 的(单侧)**置信下限**;若有

$$p(\theta \leqslant \hat{\theta}_2) = 1 - \alpha$$

则称 $\hat{\theta}_2$ 为 θ 的置信水平为 $1-\alpha$ 的(单侧)**置信上限**.

6.3.2　置信区间的求法

　　寻找一个未知参数的置信区间的步骤:

　　(1) 构造一个样本函数 $G=G(x_1,x_2,\cdots,x_n;\theta)$,使得 G 除 θ 外不再含有其他未知参数,且分布是已知的;

　　(2) 对于给定的置信水平 $1-\alpha$,确定两个常数 a,b 使得

$$p(a \leqslant G \leqslant b) = 1 - \alpha;$$

　　(3) 将不等式 $a \leqslant G \leqslant b$ 作等价变形,使其变为 $\hat{\theta}_1 \leqslant \theta \leqslant \hat{\theta}_2$,则有

$$p(\hat{\theta}_1 \leqslant \theta \leqslant \hat{\theta}_2) = 1 - \alpha,$$

这表明 $[\hat{\theta}_1,\hat{\theta}_2]$ 是 θ 的一个置信水平为 $1-\alpha$ 置信区间.

　　在上述步骤中,满足

$$p(a \leqslant G \leqslant b) = 1 - \alpha$$

的 a,b 可以有很多. 一般情况下,常取 a,b 满足

$$p(G<a) = p(G>b) = \frac{\alpha}{2},$$

即取 a 是为 G 的分布的 $\frac{\alpha}{2}$ 分位数,b 是 G 的分布的 $1-\frac{\alpha}{2}$ 分位数.

6.3.3　单正态总体的置信区间

　　设总体 $X \sim N(\mu,\sigma^2)$,$x_1,x_2,\cdots,x_n$ 是来自总体 X 的样本.

　　1. σ^2 已知时 μ 的置信区间

　　因为 $X \sim N(\mu,\sigma^2)$,故 $\bar{x} \sim N\left(\mu,\dfrac{\sigma^2}{n}\right)$,从而

$$U = \frac{\bar{x}-\mu}{\sigma/\sqrt{n}} \sim N(0,1).$$

再由标准正态分布关于纵轴对称得

$$p\left(-u_{1-\frac{\alpha}{2}}\leqslant\frac{\overline{x}-\mu}{\sigma/\sqrt{n}}\leqslant u_{1-\frac{\alpha}{2}}\right)=1-\alpha,$$

其中 $u_{1-\frac{\alpha}{2}}$ 为标准正态分布的 $1-\dfrac{\alpha}{2}$ 分位数,经过变形得

$$p\left(\overline{x}-u_{1-\frac{\alpha}{2}}\cdot\frac{\sigma}{\sqrt{n}}\leqslant\mu\leqslant\overline{x}+u_{1-\frac{\alpha}{2}}\cdot\frac{\sigma}{\sqrt{n}}\right)=1-\alpha.$$

于是,μ 的置信水平为 $1-\alpha$ 的置信区间为

$$\left[\overline{x}-u_{1-\frac{\alpha}{2}}\cdot\frac{\sigma}{\sqrt{n}},\overline{x}+u_{1-\frac{\alpha}{2}}\cdot\frac{\sigma}{\sqrt{n}}\right].$$

例 6.3.1 现随机地从一批长度服从正态分布 $N(\mu,0.2^2)$ 的零件中抽取 9 个,分别测得其长度(单位:cm)如下:

14.0, 14.2, 13.8, 13.6, 14.1, 14.0, 13.9, 13.7, 13.5.

试求总体均值 μ 的置信水平为 0.95 的置信区间.

解 已知 $\sigma=0.2,n=9,1-\alpha=0.95$,查附表得 $u_{0.975}=1.96$;由已知数据经计算可得 $\overline{x}=13.87$,从而 μ 的置信水平为 0.95 的置信区间为

$$\left[13.87-\frac{0.2}{\sqrt{9}}\times1.96,13.87+\frac{0.2}{\sqrt{9}}\times1.96\right]=[13.74,14.00].$$

2. σ^2 未知时 μ 的置信区间

由第 5 章知识知

$$T=\frac{\overline{x}-\mu}{s/\sqrt{n}}\sim t(n-1),$$

再由 t 分布关于纵轴对称得

$$p\left(-t_{1-\frac{\alpha}{2}}(n-1)\leqslant\frac{\overline{x}-\mu}{s/\sqrt{n}}\leqslant t_{1-\frac{\alpha}{2}}(n-1)\right)=1-\alpha$$

其中 $t_{1-\frac{\alpha}{2}}(n-1)$ 为自由度为 $n-1$ 的 t 分布的 $1-\dfrac{\alpha}{2}$ 分位数,经过变形得

$$p\left(\overline{x}-t_{1-\frac{\alpha}{2}}(n-1)\cdot\frac{s}{\sqrt{n}}\leqslant\mu\leqslant\overline{x}+t_{1-\frac{\alpha}{2}}(n-1)\cdot\frac{s}{\sqrt{n}}\right)=1-\alpha.$$

于是,μ 的置信水平为 $1-\alpha$ 的置信区间为

$$\left[\overline{x}-t_{1-\frac{\alpha}{2}}(n-1)\cdot\frac{s}{\sqrt{n}},\overline{x}+t_{1-\frac{\alpha}{2}}(n-1)\cdot\frac{s}{\sqrt{n}}\right].$$

例 6.3.2 设总体 $X\sim N(\mu,\sigma^2)$,但 σ^2 未知,现从总体 X 中抽样得到样本观测值如下:

12.08,　　12.09,　　12.19,　　12.10,　　12.07,　　12.09,

12.12,　　12.24,　　12.02,　　12.20,　　12.25,　　12.05.

求总体均值 μ 的置信水平为 0.99 的置信区间.

解　已知 $n=12, 1-\alpha=0.99$,即 $\alpha=0.01$,查附表得 $t_{0.995}(11)=3.11$,由已知数据经计算可得 $\bar{x}=12.13, s=0.08$,从而 μ 的置信水平为 0.95 的置信区间为

$$\left[12.13-\frac{0.08}{\sqrt{12}}\times3.11, 12.13+\frac{0.08}{\sqrt{12}}\times3.11\right]=[12.06, 12.20].$$

3. μ 已知时 σ^2 的置信区间

因为 $X \sim N(\mu, \sigma^2)$,故 $\dfrac{x_i-\mu}{\sigma} \sim N(0,1)$,从而

$$\chi^2=\frac{1}{\sigma^2}\sum_{i=1}^{n}(x_i-\mu)^2 \sim \chi^2(n),$$

于是

$$p\left(\chi^2_{\frac{\alpha}{2}}(n)\leqslant \frac{1}{\sigma^2}\sum_{i=1}^{n}(x_i-\mu)^2 \leqslant \chi^2_{1-\frac{\alpha}{2}}(n)\right)=1-\alpha,$$

其中 $\chi^2_{\frac{\alpha}{2}}(n)$ 和 $\chi^2_{1-\frac{\alpha}{2}}(n)$ 分别为自由度为 n 的 χ^2 分布的 $\dfrac{\alpha}{2}$ 和 $1-\dfrac{\alpha}{2}$ 分位数,经过变形得

$$p\left(\frac{\displaystyle\sum_{i=1}^{n}(x_i-\mu)^2}{\chi^2_{1-\frac{\alpha}{2}}(n)}\leqslant \sigma^2 \leqslant \frac{\displaystyle\sum_{i=1}^{n}(x_i-\mu)^2}{\chi^2_{\frac{\alpha}{2}}(n)}\right)=1-\alpha.$$

于是,μ 的置信水平为 $1-\alpha$ 的置信区间为

$$\left[\frac{\displaystyle\sum_{i=1}^{n}(x_i-\mu)^2}{\chi^2_{1-\frac{\alpha}{2}}(n)}, \frac{\displaystyle\sum_{i=1}^{n}(x_i-\mu)^2}{\chi^2_{\frac{\alpha}{2}}(n)}\right].$$

例 6.3.3　某企业生产的机器零件的重量服从正态分布 $N(53, \sigma^2)$,从中任取 9 个,测得其质量(单位:g)为

52.8,　　53.2,　　53.3,　　52.5,　　53.3,　　52.6,　　53.4,　　52.7,　　53.1.

试求未知参数 σ 的 0.9 的置信区间.

解　已知 $n=9, 1-\alpha=0.9$,即 $\alpha=0.1$,查附表得 $\chi^2_{0.05}(9)=3.325, \chi^2_{0.95}(9)=16.919$,由已知数据经计算可得 $\displaystyle\sum_{i=1}^{n}(x_i-\mu)^2=0.93$,从而方差 σ^2 的 0.9 的置信区间为

$$\left[\frac{0.93}{16.919}, \frac{0.93}{3.325}\right] = [0.055, 0.280],$$

故总体标准差 σ 的 0.9 的置信区间为 $[0.235, 0.529]$.

4. μ 未知时 σ^2 的置信区间

由第 5 章知识知

$$\chi^2 = \frac{(n-1)s^2}{\sigma^2} \sim \chi^2(n-1),$$

于是

$$p\left(\chi^2_{\frac{\alpha}{2}}(n-1) \leqslant \frac{(n-1)s^2}{\sigma^2} \leqslant \chi^2_{1-\frac{\alpha}{2}}(n-1)\right) = 1-\alpha,$$

经过变形得

$$p\left(\frac{(n-1)s^2}{\chi^2_{1-\frac{\alpha}{2}}(n-1)} \leqslant \sigma^2 \leqslant \frac{(n-1)s^2}{\chi^2_{\frac{\alpha}{2}}(n-1)}\right) = 1-\alpha.$$

于是, μ 的置信水平为 $1-\alpha$ 的置信区间为

$$\left[\frac{(n-1)s^2}{\chi^2_{1-\frac{\alpha}{2}}(n-1)}, \frac{(n-1)s^2}{\chi^2_{\frac{\alpha}{2}}(n-1)}\right].$$

例 6.3.4 从某车间生产的滚珠中抽取 10 个,测得直径(单位:mm)如下:

13.8, 13.7, 14.1, 14.2, 13.6, 13.8, 14.2, 14.5, 14.3, 13.9.
设滚珠直径服从正态分布 $N(\mu, \sigma^2)$, 求未知参数 σ^2 的置信水平为 0.95 的置信区间.

解 已知 $\alpha = 0.05$, 查附表得 $\chi^2_{0.025}(9) = 2.7, \chi^2_{0.975}(9) = 19.023$, 由已知数据经计算可得 $\bar{x} = 14.01, (n-1)s^2 = 0.769$, 从而 σ^2 的 0.95 的置信区间为

$$\left[\frac{0.769}{19.023}, \frac{0.769}{2.7}\right] = [0.04, 0.285].$$

6.3.4 两个正态总体均值差与方差比的置信区间

设总体 $X \sim N(\mu_1, \sigma_1^2), Y \sim N(\mu_2, \sigma_2^2), x_1, x_2, \cdots, x_m$ 是来自总体 X 的样本, $y_1, y_2, \cdots, y_n$ 是来自总体 Y 的样本, 且两个样本相互独立. $\bar{x}$ 与 $\bar{y}$ 分别是它们的样本平均值, $s_x^2 = \frac{1}{m-1} \sum_{i=1}^m (x_i - \bar{x})^2$ 和 $s_y^2 = \frac{1}{n-1} \sum_{j=1}^n (y_i - \bar{y})^2$ 分别是它们的样本方差.

1. σ_1^2,σ_2^2 已知时 $\mu_1-\mu_2$ 的置信区间

此时有 $\bar x-\bar y\sim N\left(\mu_1-\mu_2,\dfrac{\sigma_1^2}{m}+\dfrac{\sigma_2^2}{n}\right)$,从而

$$U=\frac{\bar x-\bar y-(\mu_1-\mu_2)}{\sqrt{\dfrac{\sigma_1^2}{m}+\dfrac{\sigma_2^2}{n}}}\sim N(0,1).$$

沿用前面的方法可以得到 $\mu_1-\mu_2$ 的置信水平为 $1-\alpha$ 的置信区间为

$$\left[\bar x-\bar y-u_{1-\frac{\alpha}{2}}\sqrt{\frac{\sigma_1^2}{m}+\frac{\sigma_2^2}{n}},\bar x-\bar y+u_{1-\frac{\alpha}{2}}\sqrt{\frac{\sigma_1^2}{m}+\frac{\sigma_2^2}{n}}\right].$$

2. $\sigma_1^2=\sigma_2^2=\sigma^2$ 未知时 $\mu_1-\mu_2$ 的置信区间

此时有 $\dfrac{(\bar x-\bar y)-(\mu_1-\mu_2)}{\sigma\sqrt{\dfrac{1}{m}+\dfrac{1}{n}}}\sim N(0,1),\dfrac{(m-1)s_x^2}{\sigma^2}+\dfrac{(n-1)s_y^2}{\sigma^2}\sim\chi^2(m+n-2),$

且 $\bar x,\bar y,s_x^2,s_y^2$ 相互独立,从而

$$T=\frac{(\bar x-\bar y)-(\mu_1-\mu_2)}{s_w\sqrt{\dfrac{1}{m}+\dfrac{1}{n}}}\sim t(m+n-2),$$

其中 $s_w^2=\dfrac{(m-1)s_x^2+(n-1)s_y^2}{m+n-2}$,沿用前面的方法可以得到 $\mu_1-\mu_2$ 的置信水平为 $1-\alpha$的置信区间为

$$\left[\bar x-\bar y-\sqrt{\frac{m+n}{mn}}s_w t_{1-\frac{\alpha}{2}}(m+n-2),\bar x-\bar y+\sqrt{\frac{m+n}{mn}}s_w t_{1-\frac{\alpha}{2}}(m+n-2)\right].$$

例 6.3.5 设总体 $X\sim N(\mu_1,3^2),Y\sim N(\mu_2,4^2)$,其中 μ_1,μ_2 未知,现分别独立地从这两个总体抽取容量为 14 和 18 的样本,样本均值分别为 13.8 和 14.3,求这两个总体均值差 $\mu_1-\mu_2$ 的置信水平为 0.95 的置信区间.

解 已知 $m=14,\bar x=13.8,\sigma_1^2=9,n=18,\bar y=14.3,\sigma_2^2=16,\alpha=0.05$,查附表得 $u_{0.975}=1.96$,从而 $\mu_1-\mu_2$ 的置信水平为 0.95 的置信区间为

$$\left[13.8-14.3-1.96\times\sqrt{\frac{9}{14}+\frac{16}{18}},13.8-14.3+1.96\times\sqrt{\frac{9}{14}+\frac{16}{18}}\right]=[-2.926,1.926].$$

例 6.3.6 设甲乙两种元件的寿命(单位:h)都服从正态分布,其方差相等,为了比较甲乙两种元件的寿命,对其寿命均值差 $\mu_1-\mu_2$ 作区间估计.现随机抽取甲种元件 6 只,乙种元件 7 只,计算得 $\bar x=1200,s_甲=32,\bar y=1230,s_乙=35$,试求 $\mu_1-\mu_2$

的置信水平为 0.9 的置信区间.

解 已知 $m=6, n=7, s_甲=32, s_乙=35$，因而

$$s_w = \sqrt{\frac{5s_甲^2+6s_乙^2}{6+7-2}} = \sqrt{\frac{5\times32^2+6\times35^2}{6+7-2}} = 33.67.$$

由 $\alpha=0.1$ 查附表得 $t_{0.95}(11)=1.796$，从而 $\mu_1-\mu_2$ 的置信水平为 0.9 的置信区间为

$$\left[1200-1230-1.796\times\sqrt{\frac{6+7}{6\times7}}\times33.67, 1200-1230+1.796\times\sqrt{\frac{6+7}{6\times7}}\times33.67 \right]$$

$$=[-63.622, 3.622].$$

3. μ_1、μ_2 未知时 σ_1^2/σ_2^2 的置信区间

由于 $\dfrac{(m-1)s_x^2}{\sigma_1^2}\sim\chi^2(m-1), \dfrac{(n-1)s_y^2}{\sigma_2^2}\sim\chi^2(n-1)$，且 s_x^2、s_y^2 相互独立，从而

$$\frac{\dfrac{(m-1)s_x^2}{\sigma_1^2}/(m-1)}{\dfrac{(n-1)s_y^2}{\sigma_2^2}/(n-1)} = \frac{s_x^2/\sigma_1^2}{s_y^2/\sigma_2^2}\sim F(m-1, n-1).$$

沿用前面的方法可以得到 σ_1^2/σ_2^2 的置信水平为 $1-\alpha$ 的置信区间为

$$\left[\frac{s_x^2}{s_y^2}\cdot\frac{1}{F_{1-\frac{\alpha}{2}}(m-1, n-1)}, \frac{s_x^2}{s_y^2}\cdot\frac{1}{F_{\frac{\alpha}{2}}(m-1, n-1)} \right],$$

其中 $F_{\frac{\alpha}{2}}(m-1, n-1)$ 和 $F_{1-\frac{\alpha}{2}}(m-1, n-1)$ 分别是自由度为 $m-1$ 与 $n-1$ 的 F 分布的 $\dfrac{\alpha}{2}$ 和 $1-\dfrac{\alpha}{2}$ 分位数.

例 6.3.7 某车间有两台自动机床加工一类套筒，假设套筒直径服从正态分布. 现从甲乙两台自动机床加工的产品中分别抽检了 6 个和 7 个套筒，计算出样本方差分别为 $s_甲^2=0.00045, s_乙^2=0.00086$. 试求两班加工套筒直径的方差比 σ_1^2/σ_2^2 的置信水平为 0.9 的置信区间.

解 已知 $m=6, n=7, s_甲^2=0.00045, s_乙^2=0.00086$，由 $\alpha=0.1$ 查附表得 $F_{0.95}(5,6)=4.39, F_{0.05}(5,6)=\dfrac{1}{F_{0.95}(6,5)}=\dfrac{1}{4.95}$，从而 σ_1^2/σ_2^2 的置信水平为 0.9 的置信区间为

$$\left[\frac{0.00045}{0.00086}\cdot\frac{1}{4.39}, \frac{0.00045}{0.00086}\cdot4.95 \right]=[0.119, 2.59].$$

6.3.5　大样本的置信区间

在当样本容量充分大(一般要求 $n \geqslant 50$)时，可以用近似分布来构造近似的置信区间，一个典型的例子是关于比例 p 的置信区间.

设总体 X 服从两点分布，则其概率函数为

$$p(X = x) = p^x (1-p)^{1-x} \quad (x = 0, 1),$$

其中 p 为未知参数. 由中心极限定理知

$$U = \frac{\bar{x} - p}{\sqrt{p(1-p)/n}} \overset{\cdot}{\sim} N(0, 1),$$

于是，对于给定的置信水平 $1 - \alpha$，有

$$p\left[\left| \frac{\bar{x} - p}{\sqrt{p(1-p)/n}} \right| \leqslant u_{1-\frac{\alpha}{2}} \right] = 1 - \alpha,$$

括号里的事件等价于

$$(\bar{x} - p)^2 \leqslant u_{1-\frac{\alpha}{2}}^2 \frac{p(1-p)}{n},$$

记 $\lambda = u_{1-\frac{\alpha}{2}}^2$，上述不等式可化为

$$\left(1 + \frac{\lambda}{n} \right) p^2 - \left(2\bar{x} + \frac{\lambda}{n} \right) p + \bar{x}^2 \leqslant 0,$$

解此不等式得

$$P_1 \leqslant p \leqslant P_2,$$

其中

$$P_{1,2} = \frac{1}{1 + \frac{\lambda}{n}} \left[\bar{x} + \frac{\lambda}{2n} \mp \sqrt{\frac{\bar{x}(1-\bar{x})\lambda}{n} + \frac{\lambda^2}{4n^2}} \right],$$

从而

$$p(P_1 \leqslant p \leqslant P_2) = 1 - \alpha.$$

于是可得到比例 p 的置信水平为 $1 - \alpha$ 的近似置信区间为 $[P_1, P_2]$.

由于 n 比较大，在实用中通常略去 $\frac{\lambda}{n}$ 项，而将置信区间取为

$$\left[\bar{x} - u_{1-\frac{\alpha}{2}} \sqrt{\frac{\bar{x}(1-\bar{x})}{n}}, \bar{x} - u_{1-\frac{\alpha}{2}} \sqrt{\frac{\bar{x}(1-\bar{x})}{n}} \right].$$

例 6.3.8　从一大批产品中抽取 100 个样品，发现其中 15 个为次品，求这批产品的次品率 p 的置信水平为 0.95 的置信区间?

解　已知 $n = 100, \bar{x} = \frac{15}{100} = 0.15, \alpha = 0.05$，查附表得 $u_{0.975} = 1.96$，从而次品

率 p 的置信水平为 0.95 的置信区间为

$$\left[0.15-1.96\times\sqrt{\frac{0.15\times(1-0.15)}{100}},0.15+1.96\times\sqrt{\frac{0.15\times(1-0.15)}{100}}\right]$$

$$=[0.079,0.221].$$

*6.4 单侧置信区间

在 6.3 节中,讨论了双侧置信区间,下面考虑正态总体 $X\sim N(\mu,\sigma^2)$ 的参数的单侧置信区间,它的求法与求双侧置信区间的求法类似,这里仅以求 σ^2 已知时 μ 的单侧置信下限和 μ 未知时 σ^2 的单侧置信上限为例来说明.

设 $x_1,x_2,\cdots,x_n$ 是来自总体 $N(\mu,\sigma^2)$ 的一个样本.

在 σ^2 为已知时,有 $U=\dfrac{\overline{x}-\mu}{\sigma/\sqrt{n}}\sim N(0,1)$,从而

$$p\left\{\frac{\overline{x}-\mu}{\sigma/\sqrt{n}}\leqslant u_{1-\alpha}\right\}=1-\alpha,$$

则

$$p\left(\overline{x}-u_{1-\alpha}\cdot\frac{\sigma}{\sqrt{n}}\leqslant\mu\right)=1-\alpha,$$

于是,μ 的置信水平为 $1-\alpha$ 的单侧置信下限为

$$\overline{x}-u_{1-\alpha}\cdot\frac{\sigma}{\sqrt{n}}.$$

在 μ 未知时,有 $\dfrac{(n-1)s^2}{\sigma^2}\sim\chi^2(n-1)$,从而

$$p\left(\frac{(n-1)s^2}{\sigma^2}\geqslant\chi_\alpha^2(n-1)\right)=1-\alpha,$$

则

$$p\left\{\frac{(n-1)s^2}{\chi_\alpha^2(n-1)}\geqslant\sigma^2\right\}=1-\alpha.$$

于是,σ^2 的置信水平为 $1-\alpha$ 的单侧置信上限为

$$\frac{(n-1)s^2}{\chi_\alpha^2(n-1)}.$$

例 6.4.1 某机床加工的零件的长度服从正态分布,从中随机地抽取 6 个,测得零件长度(单位:mm)如下:

$$34,\quad 33,\quad 35,\quad 32,\quad 37,\quad 36.$$

试求该批零件长度方差的置信水平为 0.95 的单侧置信上限.

解　设该批零件的长度 $X \sim N(\mu, \sigma^2)$,经计算得 $\bar{x} = 34.5$, $s^2 = 3.5$,由 $\alpha = 0.05$,查附表得 $\chi^2_{0.05}(5) = 1.1455$,从而该批零件长度方差 σ^2 的置信水平为 0.95 的单侧置信上限为

$$\frac{5 \times 3.5}{1.1455} = 15.2772.$$

习　题　六

A 组

1. 设总体 X 的分布列为

$$p(X = k) = \frac{1}{N} \quad (k = 1, 2, \cdots N),$$

其中 N 为未知参数,试求 N 的矩估计量.

2. 设总体 X 具有下列分布列,试分别求所给分布中未知参数的矩估计量和最大似然估计量:

(1) $p(X = k) = p^k (1-p)^{1-k} (k = 0, 1,$ 且 $0 < p < 1)$;

(2) $p(X = k) = p(1-p)^{k-1}, (k = 1, 2, \cdots,$ 且 $0 < p < 1)$.

3. 设 $x_1, x_2, \cdots, x_n$ 为取自正态总体 $X \sim N(\mu, \sigma^2)$ 的样本.求参数 μ, σ^2 的最大似然估计.

4. 设总体 X 的密度函数如下,试分别求所给分布中未知参数的矩估计量和极大似然估计量:

(1) $f(x; \theta) = \begin{cases} \theta x^{\theta-1}, & 0 < x < 1 \\ 0, & \text{其他} \end{cases} \quad (\theta > 0)$;

(2) $f(x; \lambda) = \begin{cases} \lambda e^{-\lambda x}, & x > 0 \\ 0, & x \leqslant 0 \end{cases} \quad (\lambda > 0)$.

5. 设总体 $X \sim U(\theta, 2\theta) (\theta > 0)$, $x_1, x_2, \cdots, x_n$ 为取自该总体的样本,试证明 $\hat{\theta} = \frac{2}{3}\bar{x}$ 是参数 θ 的无偏估计和相合估计.

6. 设 x_1, x_2, x_3 是取自总体 X 的样本,试证下列统计量都是该总体均值 μ 的无偏估计:

(1) $\hat{\mu}_1 = \frac{1}{2}x_1 + \frac{1}{3}x_2 + \frac{1}{6}x_3$;

(2) $\hat{\mu}_2 = \frac{1}{3}x_1 + \frac{1}{3}x_2 + \frac{1}{3}x_3$;

(3) $\hat{\mu}_3 = \frac{1}{7}x_1 + \frac{2}{7}x_2 + \frac{4}{7}x_3$.

并指出哪一个估计最有效.

7. 设 $0.50, 1.25, 0.80, 2.00$ 是来自总体 X 的一个样本观测值,若 $Y = \ln X \sim N(\mu, 1)$,求 μ 的置信水平为 0.90 的置信区间.

8. 从某车床加工的零件中抽取 10 个,测得零件长度(单位:mm)如下:

13.05, 13.06, 13.17, 13.10, 13.07,

13.20, 13.12, 13.09, 13.20, 13.14.

假设该种零件的长度服从正态分布 $N(\mu, \sigma^2)$,求总体均值 μ 的置信水平为 0.90 的置信区间.

9. 总体 $X \sim N(\mu, \sigma^2)$,σ^2 已知,样本容量 n 取多大时才能保证 μ 的置信水平为 0.90 的置信区间的长度不大于 λ?

10. 设总体 $X \sim N(12.9, \sigma^2)$,从总体 X 中抽取容量 $n = 9$ 的样本,测得样本观测值如下:

13.0, 13.2, 12.8, 12.6, 13.1, 13.0, 12.9, 12.7, 12.5.

求总体方差 σ^2 及标准差 σ 的置信水平为 0.90 的置信区间.

11. 已知水平锻造机生产的产品的尺寸 $X \sim N(\mu, \sigma^2)$,从中随机抽取 20 件产品,得到其尺寸的样本方差 $s^2 = 0.096$,试求 σ^2 及 σ 的置信水平为 0.95 的置信区间.

12. 设从总体 $X \sim N(\mu_1, \sigma_1^2)$ 和 $Y \sim N(\mu_2, \sigma_2^2)$ 中分别抽取容量为 $n = 12, m = 15$ 的独立样本,计算得 $\bar{x} = 80, s_x^2 = 55.3, \bar{y} = 78, s_y^2 = 53.2$.

(1) 已知 $\sigma_1^2 = 65, \sigma_2^2 = 48$,求 $\mu_1 - \mu_2$ 的置信水平为 0.95 的置信区间;

(2) 已知 $\sigma_1^2 = \sigma_2^2$,求 $\mu_1 - \mu_2$ 的置信水平为 0.95 的置信区间;

(3) 求 σ_1^2 / σ_2^2 的置信水平为 0.95 的置信区间.

13. 假设人体身高服从正态分布,现从甲、乙两个地区各抽取 12 名 17～24 岁的男青年,测量其身高,得甲地区的样本均值为 1.75m、样本标准差为 0.3m;乙地区的样本均值为 1.73m、样本标准差为 0.25m,求两正态总体方差比的置信水平为 0.90 的置信区间.

14. 在一批产品中随机检测 90 件,发现有 6 件不合格,试求这批产品不合格品率的置信水平为 0.90 的置信区间.

15. 随机选取 10 发炮弹,测得炮弹的炮口速度的样本标准差 $s = 12$(单位:m/s),假设炮弹的炮口速度服从正态分布,求其标准差 σ 的置信水平为 0.95 的单侧置信上限.

B 组

1. 设总体 X 服从参数为 λ 的指数分布,试求 $\dfrac{1}{\lambda + 1}$ 的最大似然估计量.

2. 设总体 X 的概率密度为

$$f(x;\lambda)=\begin{cases}\lambda\alpha x^{\alpha-1}\mathrm{e}^{-\lambda x^{\alpha}}, & x>0,\\ 0, & x\leqslant 0,\end{cases}$$

其中,$\lambda>0$ 是未知参数,$\alpha>0$ 是已知常数,试根据来自总体 X 的样本 $x_1,x_2,\cdots,$ x_n,求 λ 的最大似然估计量.

3. 设 $x_1,x_2,\cdots,x_n$ 是取自总体 X 的样本,试证明:样本标准差 s 不是总体标准差 σ 的无偏估计量.

4. 设总体 X 的分布列为

X	0	1	2	3
p	θ^2	$2\theta(1-\theta)$	θ^2	$1-2\theta$

其中 $0<\theta<\dfrac{1}{2}$,利用总体 X 的如下样本值

$$3, \quad 1, \quad 3, \quad 0, \quad 3, \quad 1, \quad 2, \quad 3.$$

求 θ 的矩估计值和最大似然估计值.

5. 设总体 X 的期望为 μ,方差为 σ^2,分别抽取容量为 n_1,n_2 的两个独立样本,$\bar{x},\bar{y}$ 为两个样本的均值,试证:若 a,b 是满足 $a+b=1$ 的常数,则 $Y=a\bar{x}+b\bar{y}$ 是 μ 的无偏估计量,并确定 a,b 使 $D(Y)$ 最小.

6. 商店销售的某种商品来自甲、乙两个厂家,为考察商品性能的差异,现从甲、乙两厂生产的产品中分别抽取了 8 件和 9 件产品,检测其性能指标得 $\bar{x}=0.190,s_x^2=0.006,\bar{y}=0.238,s_y^2=0.008$,假设测定结果服从正态分布 $N(\mu_i,\sigma_i^2)(i=1,2)$. 求 σ_1^2/σ_2^2 和 $\mu_1-\mu_2$ 的 0.90 置信区间,并对所得结果加以说明.

第7章 假设检验

7.1 假设检验的基本思想与步骤

7.1.1 统计假设

由前面的讨论知,总体 X 的统计规律可由其分布函数 $F(x;\theta)$ 全面刻画,但在很多实际问题中,分布函数所含的参数 θ 通常是未知的,有时甚至分布函数的类型也是未知的. 为解决此类问题,先从一个例子开始.

例 7.1.1 某企业生产一种电子元件,在正常生产情况下,电子元件的使用寿命 X 服从正态分布 $(3100;100^2)$(单位:h). 某日从该企业生产的一批电子元件中随机抽取 15 个,测得其样本均值 $\bar{x}=3020$,问是否可以认为该日生产的电子元件的平均使用寿命仍为 3100?

该问题是在总体和样本给定下,要求对命题"该日生产的电子元件的平均使用寿命为 3100"做出"是"或"否"的回答. 为回答这一问题,在统计学中可先建立假设 $H_0:\mu=3100$ 和其对立面 $H_1:\mu\neq3100$,然后通过样本去检验假设 H_0 是否成立,若 H_0 成立,则认为该日生产的电子元件的平均使用寿命仍为 3100;若 H_0 不成立,则认为 H_1 成立,即认为该日生产的电子元件的平均使用寿命不是 3100.

关于总体 X 建立的种种假设称为**统计假设**,一般地,常把需要检验是否为真的假设作为**原假设**,记作 H_0,而把与之对立的另一个假设作为**备择假设**,记为 H_1. 利用样本对假设的真假进行判断,称为**假设检验**,若总体的分布类型已知,对分布中的未知参数进行假设检验称为**参数假设检验**;若总体分布未知,对总体的分布形式进行假设检验称为**非参数假设检验**.

7.1.2 假设检验的基本思想与步骤

如何利用样本来检验一个关于总体的假设是否成立呢? 由于样本与总体同分布,因而包含了总体分布的信息,从而也包含了假设 H_0 是否成立的信息. 如何来获取并利用样本信息是解决问题的关键,统计学中常用小概率原理来解决这个问题.

小概率原理:小概率事件在一次试验中几乎不发生,若小概率事件在一次试验中竟然发生了,则就属于反常,一定有导致反常的特别原因,从而有理由怀疑试验的原定条件不成立.

假设检验依据的是小概率原理,那么多小的概率才算小概率呢? 这要根据实际问题的不同需要来决定,通常将小概率记为 α,一般取 $\alpha=0.01,0.05,0.1$ 等. 在假设检验中,若小概率事件发生的概率不超过 α,则称 α 为显著性水平.

下面通过例 7.1.1 来说明假设检验的基本思想和方法.

在例 7.1.1 中,原假设和备择假设为

$$H_0:\mu=3100; \quad H_1:\mu\neq3100.$$

由于样本均值 $\bar{x}$ 是 μ 的无偏估计,因而 $\bar{x}$ 的大小在一定程度上反映了 μ 的大小. 当 H_0 为真时,$|\bar{x}-3100|$ 较大便是小概率事件,按小概率原理,在一次抽样中它是不会发生的,若在抽样后,$|\bar{x}-3100|$ 较大,就有理由怀疑假设 H_0 的正确性而拒绝 H_0;若在抽样后,$|\bar{x}-3100|$ 不太大,则与小概率原理不发生矛盾,故可接受 H_0.

此外,当 H_0 为真时,$U=\dfrac{\bar{x}-\mu_0}{\sigma/\sqrt{n}}\sim N(0,1)$,而衡量 $|\bar{x}-\mu_0|$ 的大小可归结为衡量 $\dfrac{|\bar{x}-\mu_0|}{\sigma/\sqrt{n}}$ 的大小,因此,可适当选取一个正数 k,当观测值满足 $\dfrac{|\bar{x}-\mu_0|}{\sigma/\sqrt{n}}\geqslant k$ 时,拒绝假设 H_0;否则接受假设 H_0,通常称 k 为**临界值**.

事实上,当 H_0 为真时,$U=\dfrac{\bar{x}-\mu_0}{\sigma/\sqrt{n}}\sim N(0,1)$,从而有 $p\left\{\dfrac{|\bar{x}-\mu_0|}{\sigma/\sqrt{n}}\geqslant u_{1-\frac{\alpha}{2}}\right\}=\alpha$,故取 $k=u_{1-\frac{\alpha}{2}}$. 于是,若观测值满足 $\dfrac{|\bar{x}-\mu_0|}{\sigma/\sqrt{n}}\geqslant u_{1-\frac{\alpha}{2}}$ 时,拒绝原假设 H_0;否则接受原假设 H_0.

在例 7.1.1 中,若取 $\alpha=0.05$,则有 $u_{1-\frac{\alpha}{2}}=u_{0.975}=1.96$,而 $\dfrac{|\bar{x}-\mu_0|}{\sigma/\sqrt{n}}=3.096>1.96$,故拒绝 H_0,即认为该日生产的电子元件的平均使用寿命不是 3100.

上述构造的统计量 $U=\dfrac{\bar{x}-\mu_0}{\sigma/\sqrt{n}}$ 称为**检验统计量**,若当检验统计量的值落入某个区域 W 时,就拒绝原假设 H_0,则称该区域 W 为**拒绝域**,其补集 $\overline{W}$ 称为**接受域**. 在例 7.1.1 中,拒绝域为 $\{U\,|\,|U|\geqslant u_{1-\frac{\alpha}{2}}\}$,接受域为 $\{U\,|\,|U|<u_{1-\frac{\alpha}{2}}\}$.

通过以上讨论,可将假设检验的基本步骤归纳如下:

(1) 根据实际问题,提出原假设 H_0 及与备择假设 H_1;

(2) 构造检验统计量,并在原假设成立的条件下确定检验统计量的分布;

(3) 构造小概率事件,根据给定的显著性水平 α 及检验统计量的分布确定临界值,从而得到拒绝域;

(4) 根据样本观测值计算检验统计量的值,做出接受原假设 H_0 或拒绝 H_0 的判断.

7.1.3　假设检验的两类错误

依据小概率原理进行假设检验,有可能犯以下两类错误:

(1)当原假设 H_0 为真时,由于检验统计量的值落入了拒绝域,从而拒绝了 H_0,这种错误称为**拒真错误**或**第一类错误**,其发生的概率称为**拒真概率**或**犯第一类错误的概率**,它满足

$$p(拒绝 H_0 | H_0 为真) = \alpha;$$

(2)当原假设 H_0 不真时,由于检验统计量的值落入了接受域,从而接受了 H_0,这种错误称为**受伪错误**或**第二类错误**,其发生的概率称为**受伪概率**或**犯第二类错误的概率**,通常记为 β,即

$$p(接受 H_0 | H_0 不真) = \beta.$$

人们自然希望犯两类错误的概率 α 与 β 都尽可能的小. 但进一步的讨论可知,当样本容量固定时,α 与 β 中一个减小必导致另一个增大. 在实际问题中,通常是控制犯第一类错误的概率 α,在适当控制 α 中制约 β.

7.2　单正态总体参数的假设检验

设总体 $X \sim N(\mu, \sigma^2)$,$x_1, x_2, \cdots, x_n$ 为取自 X 的一个样本,样本均值为 $\bar{x} = \frac{1}{n} \sum_{i=1}^{n} x_i$,样本方差为 $s^2 = \frac{1}{n-1} \sum_{i=1}^{n} (x_i - \bar{x})^2$.

7.2.1　总体均值的假设检验

1. σ^2 已知时关于 μ 的检验

提出原假设和备择假设

$$H_0 : \mu = \mu_0; \quad H_1 : \mu \neq \mu_0.$$

构造检验统计量

$$U = \frac{\bar{x} - \mu_0}{\sigma / \sqrt{n}},$$

当 H_0 成立时,检验统计量

$$U = \frac{\bar{x} - \mu_0}{\sigma / \sqrt{n}} \sim N(0, 1)$$

对于给定的显著性水平 α,有 $p(|U| \geqslant u_{1-\frac{\alpha}{2}}) = \alpha$,从而取临界值为 $u_{1-\frac{\alpha}{2}}$,故拒绝域为

$$W = \{U \,|\, |U| \geqslant u_{1-\frac{\alpha}{2}}\}.$$

由样本观测值计算出检验统计量的值 U,若 $|U| \geqslant u_{1-\frac{\alpha}{2}}$,则拒绝 H_0;否则接受 H_0.这种检验法称为 U 检验法.

例 7.2.1 某车间用自动包装机包装洗衣粉,规定每袋的质量(单位:g)为 500,现在随机抽取 10 袋,测得各袋洗衣粉的质量为

495, 510, 503, 505, 498, 502, 492, 506, 497, 505.

设每袋洗衣粉的质量服从正态分布 $N(\mu, 5^2)$,问包装机工作是否正常($\alpha = 0.05$)?

解 若包装机正常工作,则总体均值 μ 应为 500,因此,提出假设如下:

$$H_0 : \mu = 500; \quad H_1 : \mu \neq 500$$

由 $\alpha = 0.05$,查附表得临界值 $u_{0.975} = 1.96$,根据样本观测值求得

$$\bar{x} = 501.3, \quad s = 5.62.$$

于是,检验统计量 U 的值

$$U = \frac{501.3 - 500}{5/\sqrt{10}} = 0.822.$$

由于 $|U| < u_{0.975}$,所以,在显著性水平 $\alpha = 0.05$ 下接受原假设 H_0,即认为包装机工作正常.

2. σ^2 未知时关于 μ 的检验

提出原假设和备择假设

$$H_0 : \mu = \mu_0; \quad H_1 : \mu \neq \mu_0.$$

构造检验统计量

$$T = \frac{\bar{x} - \mu_0}{s/\sqrt{n}},$$

当 H_0 成立时,检验统计量

$$T = \frac{\bar{x} - \mu_0}{s/\sqrt{n}} \sim t(n-1).$$

对于给定的显著性水平 α,有 $p(|T| \geqslant t_{1-\frac{\alpha}{2}}(n-1)) = \alpha$,从而取临界值为 $t_{1-\frac{\alpha}{2}}(n-1)$,故拒绝域为

$$W = \{T \mid |T| \geqslant t_{1-\frac{\alpha}{2}}(n-1)\}.$$

由样本观测值计算出检验统计量的值 T,若 $|T| \geqslant t_{1-\frac{\alpha}{2}}(n-1)$,则拒绝 H_0;否则接受 H_0.这种检验法称为 t **检验法**.

例 7.2.2 用某仪器间接测量一建筑物的高度(单位:m),重复 6 次,得到观测数据

53, 54, 52, 49, 48, 55.

而用别的精确办法测得的高度是 50,假设所得数据服从正态分布.试问用此仪器

间接测量高度有无系统偏差($\alpha=0.05$)?

解 设 X 表示由这台仪器测得的数据,则有 $X \sim N(\mu, \sigma^2)$,若用此仪器间接测量高度无系统偏差,则总体均值 μ 应为 50,因此,提出假设如下:

$$H_0: \mu = 50; \quad H_1: \mu \neq 50.$$

由 $\alpha=0.05$,查附表得临界值 $t_{0.975}(5)=2.571$,根据样本观测值求得

$$\bar{x}=51.83, \quad s^2=8.17.$$

于是,检验统计量 T 的值

$$T=\frac{51.83-50}{\sqrt{8.17/\sqrt{6}}}=1.57.$$

由于 $|T|<t_{0.975}(5)$,所以,在显著性水平 $\alpha=0.05$ 下接受原假设 H_0,即认为用此仪器间接测量建筑物的高度无系统偏差.

7.2.2 总体方差的假设检验

1. μ 已知时关于 σ^2 的检验

提出原假设和备择假设

$$H_0: \sigma^2=\sigma_0^2; \quad H_1: \sigma^2 \neq \sigma_0^2.$$

构造检验统计量

$$\chi^2=\frac{1}{\sigma_0^2}\sum_{i=1}^{n}(x_i-\mu)^2,$$

当 H_0 成立时,检验统计量

$$\chi^2=\frac{1}{\sigma_0^2}\sum_{i=1}^{n}(x_i-\mu)^2 \sim \chi^2(n).$$

对于给定的显著性水平 α,有 $p(\chi^2_{\frac{\alpha}{2}}(n)<\chi^2<\chi^2_{1-\frac{\alpha}{2}}(n))=\alpha$,从而取临界值为 $\chi^2_{\frac{\alpha}{2}}(n)$ 和 $\chi^2_{1-\frac{\alpha}{2}}(n)$,故拒绝域为

$$W=\{\chi^2 \mid \chi^2 \leqslant \chi^2_{\frac{\alpha}{2}}(n)\} \bigcup \{\chi^2 \mid \chi^2 \geqslant \chi^2_{1-\frac{\alpha}{2}}(n)\}.$$

由样本观测值计算出检验统计量的值 χ^2,若 $\chi^2 \in W$,则拒绝 H_0;否则接受 H_0.

例 7.2.3 在例 7.2.1 中,若已知每袋洗衣粉的平均质量 $\mu=500(\mathrm{g})$,问能否认为每袋洗衣粉质量的方差 $\sigma^2=5^2(\alpha=0.05)$?

解 根据题意提出假设如下:

$$H_0: \sigma^2=5^2; \quad H_1: \sigma^2 \neq 5^2.$$

由 $\alpha=0.05$,查附表得临界值 $\chi^2_{0.025}(10)=3.247$、$\chi^2_{0.975}(10)=20.483$,根据样本观测值求得检验统计量 χ^2 的值

$$\chi^2 = \frac{1}{5^2}\sum_{i=1}^{10}(x_i-500)^2 = 12.04.$$

由于 $\chi^2_{0.025}(10)<\chi^2<\chi^2_{0.975}(10)$，所以，在显著性水平 $\alpha=0.05$ 下接受原假设 H_0，即认为每袋洗衣粉质量的方差 $\sigma^2=5^2$.

2. μ 未知时关于 σ^2 的检验

提出原假设和备择假设

$$H_0:\sigma^2=\sigma_0^2;\quad H_1:\sigma^2\neq\sigma_0^2.$$

构造检验统计量

$$\chi^2 = \frac{1}{\sigma_0^2}\sum_{i=1}^{n}(x_i-\bar{x})^2 = \frac{(n-1)s^2}{\sigma_0^2},$$

当 H_0 成立时，检验统计量

$$\chi^2 = \frac{(n-1)s^2}{\sigma_0^2}\sim\chi^2(n-1).$$

对于给定的显著性水平 α，有 $p(\chi^2_{\frac{\alpha}{2}}(n-1)<\chi^2<\chi^2_{1-\frac{\alpha}{2}}(n-1))=\alpha$，从而取临界值为 $\chi^2_{\frac{\alpha}{2}}(n-1)$ 和 $\chi^2_{1-\frac{\alpha}{2}}(n-1)$，故拒绝域为

$$W=\{\chi^2\,|\,\chi^2\leqslant\chi^2_{\frac{\alpha}{2}}(n-1)\}\bigcup\{\chi^2\,|\,\chi^2\geqslant\chi^2_{1-\frac{\alpha}{2}}(n-1)\}.$$

由样本观测值计算出检验统计量的值 χ^2，若 $\chi^2\in W$，则拒绝 H_0；否则接授 H_0.

例 7.2.4 从某厂生产的电池中随机抽取了 26 只测试其使用寿命，计算得 $s^2=7200$（单位：h^2），若该厂生产的电池的使用寿命服从正态分布，则该批电池使用寿命的方差与规定的方差 $\sigma^2=5000$ 有无显著差别（$\alpha=0.02$）？

解 若该批电池使用寿命的方差与规定的方差无显著差别，则 $\sigma^2=5000$，因此，提出假设如下：

$$H_0:\sigma^2=5000;\quad H_1:\sigma^2\neq5000.$$

由 $\alpha=0.02$，查附表得临界值 $\chi^2_{0.01}(25)=11.524$、$\chi^2_{0.99}(25)=44.314$，根据样本观测值求得检验统计量 χ^2 的值

$$\chi^2 = \frac{25\times7200}{5000} = 36.$$

由于 $\chi^2_{0.01}(25)<\chi^2<\chi^2_{0.99}(25)$，所以，在显著性水平 $\alpha=0.02$ 下接受原假设 H_0，即认为该批电池使用寿命的方差与规定的方差无显著差别.

7.3 两个正态总体参数的假设检验

设总体 $X \sim N(\mu_1, \sigma_1^2)$，$Y \sim N(\mu_2, \sigma_2^2)$，$x_1, x_2, \cdots, x_m$ 是来自总体 X 的样本，y_1，$y_2, \cdots, y_n$ 是来自总体 Y 的样本，且两个样本相互独立. $\bar{x}$ 与 $\bar{y}$ 分别是它们的样本平均值，$s_x^2 = \dfrac{1}{m-1} \sum_{i=1}^{m} (x_i - \bar{x})^2$ 和 $s_y^2 = \dfrac{1}{n-1} \sum_{j=1}^{n} (y_i - \bar{y})^2$ 分别是它们的样本方差.

7.3.1 两个正态总体均值差的假设检验

1. σ_1^2、σ_2^2 已知时关于 $\mu_1 - \mu_2$ 的检验

提出原假设和备择假设

$$H_0: \mu_1 = \mu_2; \quad H_1: \mu_1 \neq \mu_2.$$

构造检验统计量

$$U = \frac{\bar{x} - \bar{y} - (\mu_1 - \mu_2)}{\sqrt{\dfrac{\sigma_1^2}{m} + \dfrac{\sigma_2^2}{n}}},$$

当 H_0 成立时，检验统计量

$$U = (\bar{x} - \bar{y}) \Big/ \sqrt{\frac{\sigma_1^2}{m} + \frac{\sigma_2^2}{n}} \sim N(0, 1).$$

对于给定的显著性水平 α，有 $p(|U| \geqslant u_{1-\frac{\alpha}{2}}) = \alpha$，从而取临界值为 $u_{1-\frac{\alpha}{2}}$，故拒绝域为

$$W = \{ U \mid |U| \geqslant u_{1-\frac{\alpha}{2}} \}.$$

由样本观测值计算出检验统计量的值 U，若 $|U| \geqslant u_{1-\frac{\alpha}{2}}$，则拒绝 H_0；否则接受 H_0.

例 7.3.1 某工厂用两台机床生产某种产品，第一台机床生产的产品抗断裂强度 $X \sim N(\mu_1, 5^2)$，第二台机床生产的产品抗断裂强度 $Y \sim N(\mu_2, 7^2)$（单位：kg）. 现从第一台机床生产的产品中随机抽取 10 件，测得 $\bar{x} = 35$，从第二台机床生产的产品中随机抽取 14 件，测得 $\bar{y} = 38$. 问两台机床生产的产品的平均抗断裂强度是否有显著差异（$\alpha = 0.05$）？

解 若两台机床生产的产品的平均抗断裂强度无显著差异，则 $\mu_1 = \mu_2$，因此，提出假设如下：

$$H_0: \mu_1 = \mu_2; \quad H_1: \mu_1 \neq \mu_2.$$

由 $\alpha = 0.05$，查附表得临界值 $u_{0.975} = 1.96$，根据样本观测值求得检验统计量 U

的值

$$U=(35-38)\Big/\sqrt{\frac{5^2}{10}+\frac{7^2}{14}}=-1.225.$$

由于 $|U|<u_{0.975}$,所以,在显著性水平 $\alpha=0.05$ 下接受原假设 H_0,即认为两台机床生产的产品平均抗断裂强度无显著差异.

2. $\sigma_1^2=\sigma_2^2=\sigma^2$ 未知时关于 $\mu_1-\mu_2$ 的检验

提出原假设和备择假设

$$H_0:\mu_1=\mu_2;\quad H_1:\mu_1\neq\mu_2.$$

构造检验统计量

$$T=\frac{(\bar{x}-\bar{y})-(\mu_1-\mu_2)}{s_w\sqrt{\dfrac{1}{m}+\dfrac{1}{n}}},$$

其中 $s_w^2=\dfrac{(m-1)s_x^2+(n-1)s_y^2}{m+n-2}$,当 H_0 成立时,检验统计量

$$T=(\bar{x}-\bar{y})\Big/\Big(s_w\sqrt{\frac{1}{m}+\frac{1}{n}}\Big)\sim t(m+n-2).$$

对于给定的显著性水平 α,有 $p(|T|\geqslant t_{1-\frac{\alpha}{2}}(m+n-2))=\alpha$,从而取临界值为 $t_{1-\frac{\alpha}{2}}(m+n-2)$,故拒绝域为

$$W=\{T\,|\,|T|\geqslant t_{1-\frac{\alpha}{2}}(m+n-2)\}$$

由样本观测值计算出检验统计量的值 T,若 $|T|\geqslant t_{1-\frac{\alpha}{2}}(m+n-2)$,则拒绝 H_0;否则接受 H_0.

例 7.3.2 对两批同类电子元件的电阻进行测试,各抽取 8 件,测得结果如表7-1 所示.

表 7-1

批号	测试数据							
1	0.121	0.123	0.118	0.119	0.124	0.125	0.123	0.117
2	0.127	0.130	0.132	0.128	0.129	0.134	0.125	0.128

假设两批电子元件的电阻服从同方差的正态分布,问这两批电子元件的电阻的均值是否有显著差异($\alpha=0.05$)?

解 若这两批电子元件的电阻的均值无显著差异,则 $\mu_1=\mu_2$,因此,提出假设如下:

$$H_0:\mu_1=\mu_2;\quad H_1:\mu_1\neq\mu_2.$$

由 $\alpha=0.05$,查附表得临界值 $t_{0.975}(14)=2.1448$,根据样本观测值求得

$\bar{x}=0.121$, $\bar{y}=0.129$, $s_x^2=0.0000088$, $s_y^2=0.0000081$, $s_w=0.0029154$.

于是,检验统计量 T 的值

$$T=(0.121-0.129)/\left[0.0029154\times\sqrt{\frac{1}{8}+\frac{1}{8}}\right]=-5.4907.$$

由于 $|T|\geqslant t_{0.975}(14)$,所以,在显著性水平 $\alpha=0.05$ 下拒绝原假设 H_0,即认为两批电子元件电阻的均值具有显著性差异.

7.3.2 两个正态总体方差比的假设检验

下面仅讨论均值 μ_1,μ_2 未知的情形(已知时的情形可类似的讨论),此时,提出原假设和备择假设

$$H_0:\sigma_1^2=\sigma_2^2; \quad H_1:\sigma_1^2\neq\sigma_2^2.$$

构造检验统计量

$$F=\frac{s_x^2/\sigma_1^2}{s_y^2/\sigma_2^2},$$

当 H_0 成立时,检验统计量

$$F=\frac{s_x^2}{s_y^2}\sim F(m-1,n-1).$$

对于给定的显著性水平 α,有 $p(F_{\frac{\alpha}{2}}(m-1,n-1)<F<F_{1-\frac{\alpha}{2}}(m-1,n-1))=\alpha$,从而取临界值为 $F_{\frac{\alpha}{2}}(m-1,n-1)$ 和 $F_{1-\frac{\alpha}{2}}(m-1,n-1)$,故拒绝域为

$$W=\{\chi^2\mid\chi^2\leqslant F_{\frac{\alpha}{2}}(m-1,n-1)\}\bigcup\{\chi^2\mid\chi^2\geqslant F_{1-\frac{\alpha}{2}}(m-1,n-1)\}$$

由样本观测值计算出检验统计量的值 F,若 $F\in W$,则拒绝 H_0;否则接授 H_0.

例 7.3.3 甲、乙两台机床加工某种零件,总体方差反映了加工精度,为了比较两台机床的加工精度有无差别,现从各自加工的零件中分别抽取 7 件和 8 件产品,测得它们的直径(单位:mm)如表 7-2 所示.

表 7-2

机床	测试数据							
甲	16.2	16.4	15.8	15.5	16.7	15.6	15.8	
乙	15.9	16.0	16.4	16.1	16.5	15.8	15.7	15.0

若甲、乙两台机床加工的零件的直径服从正态分布,试问这两台机床的加工精度有无差别($\alpha=0.05$)?

解 若这两台机床的加工精度无差别,则 $\sigma_1^2=\sigma_2^2$,因此,提出假设如下:

$$H_0:\sigma_1^2=\sigma_2^2; \quad H_1:\sigma_1^2\neq\sigma_2^2.$$

由 $\alpha=0.05$,查附表得临界值 $F_{0.025}(6,7)=\dfrac{1}{F_{0.975}(7,6)}=\dfrac{1}{5.70}=0.175$,$F_{0.975}(6,7)=$

5.12,根据样本观测值求得

$$s_x^2 = 0.2729, \quad s_y^2 = 0.2164.$$

于是,检验统计量 F 的值

$$F = \frac{0.2729}{0.2164} = 1.261.$$

由于 $F_{0.025}(6,7) < F < F_{0.975}(6,7)$,所以,在显著性水平 $\alpha = 0.05$ 下接受原假设 H_0,即认为这两台机床的加工精度无差别.

*7.4　分布的假设检验

前面讨论假设检验问题时,常假定总体的分布类型是已知的. 但在实际问题中,往往事先不知道总体的分布类型,因而在进行参数的假设检验之前,须先对总体的分布类型进行推断,这就是总体分布的拟合检验问题. 其一般提法如下:

设总体 X 的分布函数为 $F(x)$,$x_1,x_2,\cdots,x_n$ 为取自总体 X 的一个样本,需检验假设

$$H_0 : F(x) = F_0(x).$$

分布拟合检验的一般步骤:

(1) 将 X 的可能取值范围 R 分成 k 个互不相交的区间

$$A_1 = [a_0,a_1), A_2 = [a_1,a_2), \cdots, A_k = [a_{k-1},a_k].$$

若落入区间 A_i 的观测频数小于 5,则将相邻区间合并成一个区间,保证落入每个区间的观测频数不小于 5;

(2) 若分布函数 $F_0(x)$ 中含有 r 未知参数 $\theta_1,\theta_2,\cdots,\theta_r$,则用最大似然估计法求得它们的估计值 $\hat{\theta}_1,\hat{\theta}_2,\cdots,\hat{\theta}_r$,用 $\hat{\theta}_1,\hat{\theta}_2,\cdots,\hat{\theta}_r$ 代替分布函数 $F_0(x)$ 中的 θ_1,$\theta_2,\cdots,\theta_r$ 得 $F_0(x;\hat{\theta}_1,\cdots,\hat{\theta}_r)$;

(3) 若 F_0 中不含未知参数时,则利用 $p_i = F_0(a_i) - F_0(a_{i-1})$ 计算理论频数 np_i,

若 F_0 中含有未知参数时,则利用 $\hat{p}_i = F_0(a_i;\hat{\theta}_1,\cdots,\hat{\theta}_r) - F_0(a_{i-1};\hat{\theta}_1,\cdots,\hat{\theta}_r)$ 计算理论频数 $n\hat{p}_i$;

(4) 若 F_0 中不含未知参数时,则 $\chi^2 = \sum\limits_{i=1}^{k} \dfrac{(n_i - np_i)^2}{np_i}$,

若 F_0 中含有未知参数时,则 $\chi^2 = \sum\limits_{i=1}^{k} \dfrac{(n_i - n\hat{p}_i)^2}{n\hat{p}_i}$;

(5) 对于给定的显著水平 α,查表得临界值 $\chi^2_{1-\alpha}(k-r-1)$,取拒绝域为

$$W = \{\chi^2 \mid \chi^2 \geqslant \chi^2_{1-\alpha}(k-r-1)\};$$

(6) 若 $\chi^2 \in W$,则拒绝 H_0,否则接受 H_0.

此检验法称为**皮尔逊χ^2 拟合检验法**.

关于上面构造的两个检验统计量,有如下结论.

定理 7.4.1 当 H_0 为真时,$\chi^2 = \sum\limits_{i=1}^{k} \dfrac{(n_i - np_i)^2}{np_i}$ 近似服从 $\chi^2(k-1)$.

定理 7.4.2 当 H_0 为真时,$\chi^2 = \sum\limits_{i=1}^{k} \dfrac{(n_i - n\hat{p}_i)^2}{n\hat{p}_i}$ 近似服从 $\chi^2(k-r-1)$.

例 7.4.1 根据某市公路交通部门某年前 6 个月交通事故记录,统计得星期一至星期日发生交通事故的次数见表 7-3.

表 7-3

星期	一	二	三	四	五	六	日
次数	36	23	29	31	34	60	25

试问交通事故的发生是否与星期几有关($\alpha = 0.05$)?

解 若交通事故的发生与星期几无关,则 $p_i = \dfrac{1}{7}(i=1,2,\cdots,7)$,因此,提出假设如下:

$$H_0 : p_i = \frac{1}{7} \qquad (i=1,2,\cdots,7)$$

由 $\alpha = 0.05$,查附表得临界值 $\chi^2_{1-\alpha}(6) = 12.59$,列表计算得表 7-4.

表 7-4

星期	n_i	p_i	np_i	$(n_i - np_i)^2$	$(n_i - np_i)^2/np_i$
一	36	1/7	34	4	0.12
二	23	1/7	34	121	3.56
三	29	1/7	34	25	0.74
四	31	1/7	34	9	0.26
五	34	1/7	34	0	0.00
六	60	1/7	34	676	19.88
日	25	1/7	34	81	2.38
总和	238	1	238	916	26.94

于是,检验统计量 χ^2 的值

$$\chi^2 = \sum_{i=1}^{k} \frac{(n_i - np_i)^2}{np_i} = 26.94.$$

由于 $\chi^2 \geqslant \chi_{1-\alpha}^2(6)$，所以，在显著性水平 $\alpha = 0.05$ 下拒绝原假设 H_0，即认为交通事故的发生与星期几有关.

习 题 七

A 组

1. 某企业生产铜丝，而折断力的大小是铜丝的主要质量指标. 从过去的资料来看，可认为折断力 $X \sim N(570, 8^2)$(单位:kgF)，现更换了一批原材料，测得 10 个样品的折断力如下：

578， 572， 570， 568， 572， 570， 570， 572， 596， 584.

从性能上看，折断力的方差不会有什么变化，试问折断力的大小与原先有无差异 $(\alpha = 0.05)$?

2. 某工厂生产的电子元件平均使用寿命 $X \sim N(\mu, \sigma^2)$，现抽测 15 个元件，得到 $\bar{x} = 18000, s = 5200$(单位:h)，试问该工厂生产的电子元件的平均使用寿命是否为 $20000(\alpha = 0.05)$?

3. 用热敏电阻测温仪间接测量地热勘探井底温度，重复测量 6 次，测得温度(单位:℃)为

111.0， 112.4， 110.2， 111.0， 113.5， 111.9.

假定测量的温度服从正态分布，且井底温度的真实值为 111.6℃，试问用热敏电阻测温仪间接测温是否准确 $(\alpha = 0.05)$?

4. 设考生在某次考试中的成绩服从正态分布，从中随机地抽取 36 位考生的成绩，得到平均成绩为 66.5 分、标准差为 15 分，问是否可以认为这次考试全体考生的平均成绩为 70 分 $(\alpha = 0.05)$?

5. 某化肥厂用自动包装机包装化肥，每包质量服从正态分布 $N(50, \sigma^2)$，某日开工后，随机抽取 8 包化肥，测得质量(单位:kg)如下：

49.2， 49.8， 50.3， 50.8， 49.7， 49.6， 50.5， 50.1.

问该天包装的化肥质量的方差是否为 $1.3(\alpha = 0.05)$?

6. 设某化纤厂生产的维尼纶的纤度在正常情况下服从方差为 0.05^2 的正态分布，现随机抽取 6 根，测得其纤度为

1.33， 1.35， 1.54， 1.45， 1.37， 1.53.

问维尼纶纤度的方差是否正常 $(\alpha = 0.10)$?

7. 生产某种产品可用两种操作方法. 用第一种操作方法生产的产品抗折强度 $X \sim N(\mu_1, 7^2)$；用第二种操作方法生产的产品抗折强度 $Y \sim N(\mu_2, 9^2)$(单位:kg)，现从第一种操作方法生产的产品中随机抽取 13 件，得到 $\bar{x} = 42$，从第二种操作方

法生产的产品中随机抽取 17 件,测得 $\bar{y}=36$,问这两种操作方法生产的产品的平均抗折强度是否有显著差异($\alpha=0.05$)?

8. 某种物品在处理前与处理后分别抽样分析其含脂率,测得数据见表 7-5.

表 7-5

处理前 x_i	0.18	0.17	0.20	0.29	0.40	0.11	0.28
处理后 y_j	0.14	0.12	0.26	0.23	0.28	0.05	0.18	0.10

假设处理前后的含脂率都服从正态分布,且方差不变,问该物品处理前后含脂率的均值是否有显著差异($\alpha=0.01$)?

9. 有甲、乙两台机床加工同样的产品,现从这两台机床加工的产品中随机地抽取若干产品,测得产品直径(单位:mm)见表 7-6.

表 7-6

甲机床	19.5	18.8	18.7	19.4	19.1	19.0	18.6	18.9
乙机床	18.7	19.8	19.5	18.8	18.4	19.6	18.2	

问甲乙两台机床加工的精度是否有显著差异($\alpha=0.05$)?

10. 某车床生产滚珠,现随机抽取了 50 个产品,测得它们的直径(单位:mm)为

15.0, 15.8, 15.2, 15.1, 15.9, 14.7, 14.8, 15.5, 15.6, 15.3,
15.1, 15.3, 15.0, 15.6, 15.7, 14.8, 14.5, 14.2, 14.9, 14.9,
15.2, 15.0, 15.3, 15.6, 15.1, 14.9, 14.2, 14.6, 15.8, 15.2,
15.9, 15.2, 15.0, 14.9, 14.8, 15.2, 15.1, 15.5, 15.5, 15.1,
15.1, 15.0, 15.3, 14.7, 14.5, 15.5, 15.0, 14.7, 14.6, 14.2.

问滚珠直径是否服从正态分布($\alpha=0.05$)?

B 组

1. 随机地从一批直径服从正态分布的滚珠中抽取 7 个,测得其直径(单位:mm)为

13.70, 14.21, 13.90, 13.91, 14.32, 14.32, 14.10.

假设滚珠直径总体分布的方差为 0.05,问这批滚珠的平均直径是否小于等于 14.25($\alpha=0.05$)?

2. 设 $x_1, x_2, \cdots, x_n$ 是取自正态总体 $N(\mu, \sigma^2)$ 的样本,记 $\bar{x}=\dfrac{1}{n}\sum\limits_{i=1}^{n}x_i$,$Q^2=\sum\limits_{i=1}^{n}(x_i-\bar{x})^2$,试在此记号下求检验假设 $H_0:\mu=0$ 的检验统计量.

3. 某种导线要求其电阻的标准差不超过 0.004Ω,现从生产的一批导线中随

机抽取 8 根,得到 $s^2 = 0.006^2$,若该导线的电阻服从正态分布,问能否认为这批导线的标准差偏小($\alpha = 0.05$)?

4. 下面是某两种型号的电器充电后所能使用的时间(单位:h)的观测值

型号 A　5.5,5.6,6.3,4.6,5.3,5.0,6.2,5.8,5.1,5.2,5.9,

型号 B　3.8,4.3,4.2,4.0,4.9,4.5,5.2,4.8,4.5,3.9,3.7,4.6.

设两样本独立且抽样的两个正态总体方差相等,试问能否认为型号 A 比型号 B 平均使用的时间更短($\alpha = 0.01$)?

5. 某药厂生产一种新的止痛片,厂方希望验证服用新药片后到开始起作用的时间间隔较原有止痛片至少缩短一半,因此厂方提出检验假设

$$H_0 : \mu_1 = 2\mu_2; \quad H_1 : \mu_1 > 2\mu_2,$$

其中 μ_1,μ_2 分别是服用原有止痛片和服用新止痛片后到开始起作用的时间间隔的总体均值,若这两个总体均服从正态分布,且方差 σ_1^2,σ_2^2 已知,现分别从两个总体中抽取两个独立样本 $x_1, x_2, \cdots, x_m$ 和 $y_1, y_2, \cdots, y_n$,试给出上述假设检验问题的检验统计量及拒绝域.

6. 有两箱来自不同厂家的功能相同的金属部件,从第一箱中抽取 60 个,从第二箱中抽取 40 个,得到部件重量(单位:mg)的样本方差分别为 $s_x^2 = 15.46, s_y^2 = 9.66$.若两样本相互独立且服从正态分布,试问第一箱重量的总体方差是否比第二箱重量的总体方差小($\alpha = 0.05$)?

7. 测得 A、B 两批电子器件的电阻见表 7-7.

表 7-7

A	0.140	0.138	0.143	0.142	0.144	0.137
B	0.135	0.140	0.142	0.136	0.138	0.140

设两批电子器件的电阻分别服从 $N(\mu_1, \sigma_1^2)$、$N(\mu_2, \sigma_2^2)$,试问能否认为两个总体服从相同的正态分布($\alpha = 0.05$)?

8. 在一批灯泡中抽取 300 只进行寿命测试,试验结果见表 7-8.

表 7-8

寿命 t/h	$0 \leqslant t \leqslant 100$	$100 < t \leqslant 200$	$200 < t \leqslant 300$	$t \geqslant 300$
灯泡数	121	78	43	58

试检验假设:H_0:灯泡寿命服从指数分布 $f(t) = \begin{cases} 0.005e^{-0.005t}, & t > 0 \\ 0, & t \leqslant 0 \end{cases}$ ($\alpha = 0.05$)?

第8章 方差分析与回归分析

方差分析主要是通过分析数据的误差,检验各总体均值是否相等来判断分类型变量对数值型变量是否有显著的影响.回归分析主要是研究变量间的相关关系,在平均意义下寻求数值型变量间的某种合适的定量关系表达式.

在实际中,常常要通过实验来了解各种因素对某一指标的影响,这些影响指标的因素有两类:一类是属性的(非数量大小),如肥料的种类、机器的型号、课程的类别等;另一类是数量的,如生产的产量、支出的费用、温度等.若所讨论问题的因素是属性的,则这是方差分析问题;若所讨论问题的因素是数量的,则这是回归分析问题.另外从问题的结果看:若所讨论的问题是考察因素对指标的影响是否显著,则这是方差分析问题;若所讨论的问题是考察因素的取值与指标的取值是否存在一种相关关系,这便是回归分析问题.本章介绍单因素方差分析模型和一元线性回归分析模型.

8.1 单因素方差分析

实际工作中人们经常碰到多个正态总体均值的比较问题,处理这类问题通常采用所谓的方差分析方法.

8.1.1 方差分析的有关概念

先通过一个例子来说明方差分析的有关概念.

例 8.1.1 为了对几个行业的服务质量进行评价,消费者协会在四个行业分别抽取了不同的 23 家企业作为样本.最近一年中消费者对总共 23 家企业投诉的次数如表 8-1 所示.

表 8-1

观测值	投诉次数／行业	零售业	旅游业	航空公司	家电制造业
1		57	68	31	44
2		66	39	49	51
3		49	29	21	65

续表

投诉次数 观测值 ＼ 行业	零售业	旅游业	航空公司	家电制造业
4	40	45	34	77
5	34	56	40	58
6	53	51		
7	44			

　　一般来说,接到的投诉次数越多,说明服务质量越差. 要评价四个行业的服务质量,就是要分析四个行业之间的服务质量是否有显著差异,也就是要判断"行业"对"投诉次数"是否有显著影响;作出这种判断最终被归结为检验这四个行业被投诉次数的均值是否相等;若它们的均值相等,则意味着"行业"对投诉次数是没有影响的,即它们之间的服务质量没有显著差异;若均值不全相等,则意味着"行业"对投诉次数是有影响的,它们之间的服务质量有显著差异.

　　在这个例子中,可以引入方差分析中的有关术语:

　　(1)因子. 所要检验的对象. 在该例中要分析行业对投诉次数是否有影响,行业是要检验的因素或因子.

　　(2)水平. 因子的不同表现. 零售业、旅游业、航空公司、家电制造业就是因子的水平.

　　(3)观测值. 在每个因素水平下得到的样本数据. 每个行业被投诉的次数就是观测值.

　　(4)检验多个总体均值是否相等的统计方法称为**方差分析**. 主要是通过分析数据的误差检验各总体均值是否相等来判断分类型自变量对数值型因变量是否有显著的影响.

　　该例只涉及一个分类的自变量,是单因素方差分析问题.

8.1.2　方差分析的基本思想

　　怎样判断"行业"对"投诉次数"是否有显著影响呢? 首先画出它们的散点图(图 8-1).

　　从散点图上可以看出:不同行业被投诉的次数是有明显差异的;同一个行业,不同企业被投诉的次数也明显不同;家电制造被投诉的次数较高,航空公司被投诉的次数较低.

　　行业与被投诉次数之间有一定的关系;如果行业与被投诉次数之间没有关系,

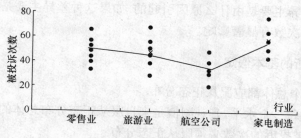

图 8-1　不同行业被投诉次数的散点图

那么它们被投诉的次数应该差不多相同,在散点图上所呈现的模式也就应该很接近.

数据之间的差异主要有以下几种:

(1) 因素的同一水平(总体)下,样本各观测值之间的差异(组内误差). 比如,同一行业下不同企业被投诉次数是不同的,这种差异可以看成是由抽样的随机性造成的;

(2) 因素的不同水平(不同总体)下,各观测值之间的差异(组间误差). 比如,不同行业之间的被投诉次数之间的差异,这种差异可能是由抽样的随机性造成的,也可能是由行业本身造成的.

由抽样的随机性所造成的差异称为随机误差,而由系统因素造成的差异称为系统误差.

判断"行业"对"投诉次数"是否有显著影响,就是检验是否存在系统误差,如果不存在系统误差,那么表现出来的数据之间的差异是由抽样造成的,换句话说,另外再去调查,投诉次数就可能一样了(各行业的投诉次数的平均值相同).

不同的系统(分类)会产生差异,如班上女生与男生的成绩有差异、学号是奇数的学生与学号是偶数的学生的成绩也有差异,将班上学生分成不同类别时导致的成绩差异是不一样的,一般来说,前者差异较大,后者差异较小.

要评价服务质量,即也就是判断一下将行业分成零售业、旅游业、航空公司、家电制造业四类构成的这一系统产生的投诉次数的差异是否明显.

综上所述,若不同行业对投诉次数没有影响,则组间误差中只包含随机误差,没有系统误差. 这时,组间误差与组内误差经过平均后的数值就应该很接近,它们的比值就会接近 1.

若不同行业对投诉次数有影响,在组间误差中除了包含随机误差外,还会包含有系统误差,这时组间误差平均后的数值就会大于组内误差平均后的数值,它们之间的比值就会大于 1.

当这个比值大到某种程度时,就可以说不同水平之间存在着显著差异,也就是自变量对因变量有影响. 判断行业对投诉次数是否有显著影响,实际上也就是检验被投诉次数的差异主要是由什么原因引起的. 如果这种差异主要是系统误差,说明不同行业对投诉次数有显著影响.

8.1.3　方差分析的基本假定

假定 1　每个总体都应服从正态分布.

对于因素的每一个水平,其观测值是来自服从正态分布总体的简单随机样本. 比如,每个行业被投诉的次数必须服从正态分布.

假定 2　各个总体的方差必须相同.

各组观测数据是从具有相同方差的总体中抽取的. 比如,四个行业被投诉次数的方差都相等.

假定 3　观测值是独立的.

比如,每个行业被投诉的次数与其他行业被投诉的次数独立.

在上述假定条件下,判断行业对投诉次数是否有显著影响,实际上也就是检验具有同方差的四个正态总体的均值是否相等. 如果四个总体的均值相等,可以期望四个样本的均值也会很接近:四个样本的均值越接近,推断四个总体均值相等的证据也就越充分;样本均值越不同,推断总体均值不同的证据就越充分.

8.1.4　单因素方差分析的步骤

一般地,在水平 A_i 下进行 n_i 次独立试验($i=1,2,\cdots,l$),得到样本观测值如表 8-2 所示.

表 8-2

水平	A_1	A_2	...	A_l
观测值	x_{11}	x_{21}	...	x_{l1}
	x_{12}	x_{22}	...	x_{l2}
	$\vdots$	$\vdots$		$\vdots$
	x_{1n_1}	x_{2n_2}	...	x_{ln_l}

第 1 步　提出假设. 一般提法 $H_0:\mu_1=\mu_2=\cdots=\mu_l$(自变量对因变量没有显著影响),

$H_1:\mu_i(i=1,2,\cdots,l)$ 不全相等(自变量对因变量有显著影响).

注:拒绝原假设,只表明至少有两个总体的均值不相等,并不意味着所有的均值都不相等.

为了使以后的讨论方便起见,把总体 X_i 的均值 $\mu_i(i=1,2,\cdots,l)$ 改写为另一形式.

设试验总次数为 n,则 $n = \sum_{i=1}^{l} n_i$,记 $\mu = \frac{1}{n} \sum_{i=1}^{l} n_i \mu_i$,$\alpha_i = \mu_i - \mu$,其中 $i = 1$,$2, \cdots, l$,μ 是各个水平下的总体均值 $\mu_1, \mu_2, \cdots, \mu_l$ 的加权平均值,称为**总均值**;α_i 是总体 X_i 的均值 μ_i 与总均值 μ 的差,称为**因素 A 的水平 A_i 的效应**.

由于 $\sum_{i=1}^{l} n_i \alpha_i = \sum_{i=1}^{l} n_i (\mu_i - \mu) = n\mu - n\mu = 0$,于是,可以把 μ_i 写成 $\mu_i = \mu + \alpha_i$,其中 $i = 1, 2, \cdots, l$. 从而要检验的原假设可以写成

$$H_0 : \alpha_1 = \alpha_2 = \cdots = \alpha_l = 0.$$

第 2 步　构造检验统计量. 构造检验统计量前需要计算组平均值、总平均值、偏差平方和、组内偏差平方和、组间偏差平方和.

假定从第 i 个总体中抽取一个容量为 n_i 的简单随机样本,x_{ij} 为第 i 个总体的第 j 个观测值,则定义:

组平均值为

$$\overline{x}_i = \frac{1}{n_i} \sum_{j=1}^{n_i} x_{ij} \quad (i = 1, 2, \cdots, l);$$

总平均值为

$$\overline{x} = \frac{1}{n} \sum_{i=1}^{l} \sum_{j=1}^{n_i} x_{ij} = \frac{1}{n} \sum_{i=1}^{l} n_i \overline{x}_i,$$

式中,$n = n_1 + n_2 + \cdots + n_l$;

偏差平方和为

$$S_T = \sum_{i=1}^{l} \sum_{j=1}^{n_i} (x_{ij} - \overline{x})^2;$$

组内偏差平方和为

$$S_e = \sum_{i=1}^{l} \sum_{j=1}^{n_i} (x_{ij} - \overline{x}_i)^2;$$

组间偏差平方和为

$$S_A = \sum_{i=1}^{l} \sum_{j=1}^{n_i} (\overline{x}_i - \overline{x})^2.$$

由方差的意义知:S_T 反映了全部观测值之间差异程度的大小;S_e 反映了所有样本组内部的差异程度;对于 S_A,当 H_0 成立时,全体样本可视为来自于同一正态总体,此时的差异完全由随机因素所引起;当 H_0 不成立时,该差异除了受到随机因素的影响之外,还受到因素水平的影响,因而 S_A 反映了随机因素和系统因素引起的差异.

定理 8.1.1　(1) $S_T = S_A + S_e$,且 S_A 与 S_e 独立;

(2) $\dfrac{S_e}{\sigma^2} \sim \chi^2(n-l)$ 及 H_0 成立时,

$$\frac{S_T}{\sigma^2} = \frac{ns^2}{\sigma^2} \sim \chi^2(n-1), \quad \frac{S_A}{\sigma^2} \sim \chi^2(l-1).$$

证明略.

因此可构造检验统计量得

$$F = \frac{\dfrac{S_A/\sigma^2}{l-1}}{\dfrac{S_e/\sigma^2}{n-l}} = \frac{\dfrac{S_A}{l-1}}{\dfrac{S_e}{n-l}} = \frac{\overline{S_A}}{\overline{S_e}} \sim F(l-1, n-l).$$

第 3 步　将统计量的值 F 与给定的显著性水平 α 的临界值 $F_{1-\alpha}$ 进行比较,做出对原假设 H_0 的决策. 若 $F > F_{1-\alpha}$,则拒绝原假设 H_0,表明均值之间的差异是显著的,所检验的因素对观测值有显著影响,用 * 表示;若 $F < F_{1-\alpha}$,则不能拒绝原假设 H_0,表明所检验的因素对观测值没有显著影响,一般取 $\alpha = 0.05$ 或 $\alpha = 0.01$.

根据上述的讨论,可列出方差分析表(表 8-3).

表 8-3

方差来源	平方和	自由度	平均平方和	F 值	临界值	显著性
组间	S_A	$l-1$	$\overline{S_A} = \dfrac{S_A}{l-1}$	$F = \dfrac{\overline{S_A}}{\overline{S_e}}$	$F_{1-\alpha}$	
误差	S_e	$n-l$	$\overline{S_e} = \dfrac{S_e}{n-l}$			
总和	S_T	$n-1$				

在例 8.1.1 中,取 $\alpha = 0.05$,得表 8-4.

表 8-4

方差来源	平方和	自由度	平均平方和	F 值	临界值	显著性
组间	1456.608696	3	485.536232	3.406643	3.13	*
误差	2708	19	142.526316			
总和	4164.608696	22				

由于 $F_{0.95}(3.19) = 3.13 < F = 3.406643$,表明"行业"对投诉次数是有影响的.

8.2　一元线性回归分析

方差分析研究的是分类型变量对数值型因变量的影响关系,当人们研究两个数值型变量的关系时,所用的方法则是回归分析.

8.2.1　回归分析方法

1. 确定性关系与相关关系

回归分析处理的是变量与变量间的关系. 变量间常见的关系有两类:确定性关系与相关关系. 变量间的相关关系不能用完全确切的函数形式表示,但在平均意义下有一定的定量关系表达式,找这种定量关系表达式就是回归分析的主要任务.

回归分析便是研究变量间相关关系的一门学科. 它通过对客观事物中变量的大量观测或试验获得的数据,去寻找隐藏在数据背后的相关关系,给出它们的表达形式——回归函数的估计.

2. 回归分析方法的基本思想

将在不确定性关系中作为影响因素的变量称为自变量或解释变量,用 x 表示,受 x 取值影响的变量称为因变量或响应变量,用 y 表示. 一般地,x 与 y 都可能是随机变量,当 x 取 x_0 时,对应的 y 的值可能不止一个,可取它们的均值 $E(Y|x)$ 来估计 y 对应的值,这是 x 的函数,令 $E(Y|x) = f(x)$,记 $\varepsilon \sim N(0, \sigma^2)$ 表示随机误差,这时 x 与 y 的不确定性关系表示为

$$y = f(x) + \varepsilon.$$

在另一类问题中,自变量 x 是控制变量(一般变量),只有 y 是随机变量,它们之间的相关关系也为

$$y = f(x) + \varepsilon.$$

无论哪种情况,该式表示因变量 y 的变化由两个原因所致,即自变量 x 和其他未考虑到的随机因素 ε. 当随机因素 ε 的干扰较小时,y 主要受 x 的影响,这个影响关系的一种平均性质的概括性描述是

$$\hat{y} = f(x) = E(Y|x)$$

称为**回归方程**. 若知道了 $\hat{y} = f(x)$,则可以从数量上掌握 x 与 y 之间复杂关系的大趋势,就可以利用这种趋势研究对 y 的预测问题和对 x 的控制问题. 这就是回归分析处理不确定性关系的基本思想.

回归方程中只涉及一个自变量的称为**一元回归**,涉及多各自变量的称为**多元回归**;根据因变量与自变量之间的关系又分为线性回归与非线性回归.

回归分析的任务就是根据 x 的值和 y 的观测值去估计这个函数以及讨论与此有关的种种统计推断问题,需要解决的基本问题是:①如何根据抽样信息确定回归函数类型及其参数的估计量;②如何判断 x 与 y 的相关关系是否密切;③如何应用回归分析进行预测或控制.

3. 最小二乘法

进行回归分析首先是回归方程的数学形式的选择，一旦选定了函数形式，问题就变为根据 x 与 y 的观测值合理选择参数 $a_1,a_2,\cdots,a_k$ 的值，使得函数

$$Q(a_1,a_2,\cdots,a_k)=\sum_{i=1}^{n}\left[y_i-f(x_i;a_1,a_2,\cdots,a_k)\right]^2$$

达到最小值，也即使得观测值 y_i 与相应的函数值 $f(x_i;a_1,a_2,\cdots,a_k)$ 的偏差平方和 Q 为最小. 由多元函数极值的一阶必要条件可知参数 $a_1,a_2,\cdots,a_k$ 的估计值为下列方程组的解：

$$\begin{cases}\dfrac{\partial Q}{\partial a_1}=0\\ \cdots\cdots\\ \dfrac{\partial Q}{\partial a_k}=0\end{cases}$$

8.2.2 一元线性回归分析

1. 模型及假设

设 $(x_i,y_i),i=1,2,\cdots,n$ 为变量 (x,y) 的 n 个观测值，则一元线性回归模型为

$$y_i=\beta_0+\beta_1 x_i+\varepsilon_i,$$

其中，ε_i 为第 i 次观测的随机误差，假设 $\varepsilon_1,\varepsilon_2,\cdots,\varepsilon_n$ 不相关，且同分布于 $N(0,\sigma^2)$；β_0,β_1 称为**回归系数**，其中常数 β_0,β_1,σ^2 均未知.

2. 参数估计——最小二乘估计

由最小二乘法，使 $Q(\beta_0,\beta_1)=\sum\limits_{i=1}^{n}(y_i-\beta_0-\beta_1 x_i)^2$ 最小，只需求解方程组

$$\begin{cases}\dfrac{\partial Q}{\partial\beta_0}=\sum\limits_{i=1}^{n}(y_i-\beta_0-\beta_1 x_i)=0\\ \dfrac{\partial Q}{\partial\beta_1}=\sum\limits_{i=1}^{n}(y_i-\beta_0-\beta_1 x_i)x_i=0\end{cases},$$

整理得

$$\begin{cases}n\beta_0-\left(\sum\limits_{i=1}^{n}x_i\right)\beta_1=\sum\limits_{i=1}^{n}y_i\\ \left(\sum\limits_{i=1}^{n}x_i\right)\beta_0-\left(\sum\limits_{i=1}^{n}x_i^2\right)\beta_1=\sum\limits_{i=1}^{n}x_i y_i\end{cases},$$

解得

$$\begin{cases} \hat{\beta}_1 = \dfrac{l_{xy}}{l_{xx}}, \\ \hat{\beta}_0 = \bar{y} - \hat{\beta}_1 \bar{x} \end{cases}$$

其中,

$$l_{xx} = \sum_{i=1}^{n} (x_i - \bar{x})^2 = \sum_{i=1}^{n} x_i^2 - n\bar{x}^2, \quad l_{xy} = \sum_{i=1}^{n} (x_i - \bar{x})(y_i - \bar{y}) = \sum_{i=1}^{n} x_i y_i - n\bar{x}\bar{y},$$

$$\bar{x} = \frac{1}{n} \sum_{i=1}^{n} x_i, \quad \bar{y} = \frac{1}{n} \sum_{i=1}^{n} y_i.$$

σ^2 的无偏估计为 $\hat{\sigma}^2 = \dfrac{1}{n-2} \sum_{i=1}^{n} (y_i - \hat{\beta}_0 - \hat{\beta}_1 x_i)^2.$

3. 回归方程的显著性检验

在使用回归方程作进一步的分析以前,首先应对回归方程是否有意义进行判断.

若 $\beta_1 = 0$,则不管 x 如何变化, $E(Y|x)$ 不随 x 的变化作线性变化,那么这时求得的一元线性回归方程就没有意义,称**回归方程不显著**. 若 $\beta_1 \neq 0$,则 $E(Y|x)$ 随 x 的变化作线性变化,称**回归方程是显著的**.

综上,对回归方程是否有意义作判断就是要作如下的显著性检验:

$$H_0: \beta_1 = 0; \quad H_1: \beta_1 \neq 0.$$

拒绝 H_0 表示回归方程是显著的.

回归方程的显著性检验方法有 F 检验法、t 检验法和相关系数检验法,这里介绍 F 检验法.

先由观测值 $y_1, y_2, \cdots, y_n$,对偏差平方和 S_T 进行分解

$$S_T = l_{yy} = \sum_{i=1}^{n} (y_i - \bar{y})^2 = \sum_{i=1}^{n} (\hat{y}_i - \bar{y})^2 + \sum_{i=1}^{n} (y_i - \hat{y}_i)^2 = S_R + S_e.$$

在 H_0 成立的条件下有

$$F = \frac{S_R}{S_e/(n-2)} \sim F(1, n-2).$$

方差分析表见表 8-5.

表 8-5

方差来源	平方和	自由度	平均平方和	F	临界值	显著性
回归	S_R	1	$\bar{S}_R = S_R$	$F = \dfrac{\bar{S}_R}{\bar{S}_e}$	$F_{1-\alpha}$	
剩余	S_e	$n-2$	$\bar{S}_e = \dfrac{S_e}{n-2}$			
总和	S_T	$n-1$				

4. 利用线性回归方程预测和控制

若变量 x 与 y 之间的线性相关关系显著,由试验数据得到线性回归方程 $\hat{y_0} = \hat{\beta_0} + \hat{\beta_1} x_0$,当 $x = x_0$ 时,代入方程得到 y_0 的估计值 $\hat{y_0} = \hat{\beta_0} + \hat{\beta_1} x_0$. 为了知道 $\hat{y_0}$ 作为 y_0 的估计值的精确性与可靠性,必须对 y_0 进行区间估计,即对给定的置信度 $1 - \alpha$,求出 y_0 的置信区间,称为**预测区间**,这就是所谓的预测问题.

可以证明:当 n 很大($n \geqslant 30$)时,对于 x 的任意值 x_0,y 相应的值 y_0 近似地服从正态分布 $N(\hat{y_0}, s^2)$,其中 $\hat{y_0} = \hat{\beta_0} + \hat{\beta_1} x_0$,$s = \sqrt{\dfrac{S_e}{n-2}}$,于是对给定的 α,有

$$\frac{y_0 - \hat{y_0}}{s} \sim N(0, 1).$$

因此,$p\left(\left| \dfrac{y_0 - \hat{y_0}}{s} \right| < u_{1 - \frac{\alpha}{2}} \right) = 1 - \alpha$,即 $p(\hat{y_0} - s u_{1 - \frac{\alpha}{2}} < y_0 < \hat{y_0} + s u_{1 - \frac{\alpha}{2}}) = 1 - \alpha$,所求的置信度为 $1 - \alpha$ 的预测区间为 $(\hat{y_0} - s u_{1 - \frac{\alpha}{2}}, \hat{y_0} + s u_{1 - \frac{\alpha}{2}})$.

如果在回归直线 $l : \hat{y} = \hat{\beta_0} + \hat{\beta_1} x$ 的上下两侧分别作一条与回归直线平行的直线:

$$l_1 : y = \hat{\beta_0} + \hat{\beta_1} x - s u_{1 - \frac{\alpha}{2}}, \quad l_2 : y = \hat{\beta_0} + \hat{\beta_1} x + s u_{1 - \frac{\alpha}{2}},$$

则在全部可能出现的试验数据 (x_i, y_i) $(i = 1, 2, \cdots, n)$ 中,有 $100(1 - \alpha)\%$ 的点落在这两条直线之间的带形区域内,生产管理中常用这个结论进行质量监控.

例 8.2.1 合金的强度 y(单位:10^7Pa)与合金中碳的含量 x(单位:%)有关,现收集到 12 组数据见表 8-6.

表 8-6

序号	$x/\%$	$y/10^7\text{Pa}$	序号	$x/\%$	$y/10^7\text{Pa}$
1	0.10	42.0	7	0.16	49.0
2	0.11	43.0	8	0.17	53.0
3	0.12	45.0	9	0.18	50.0
4	0.13	45.0	10	0.20	55.0
5	0.14	45.0	11	0.21	55.0
6	0.15	47.5	12	0.23	60.0

其散点图如图 8-2 所示.

从散点图可发现 12 个点基本在一条直线附近,这说明两个变量之间有一个线性相关关系. 这里先进行回归方程的显著性检验,经计算见表 8-7.

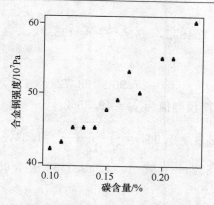

图 8-2 合金强度及碳含量的散点图

表 8-7

来源	平方和	自由度	平均平方和	F
回归	317.2589	1	317.2589	
剩余	17.9703	10	1.79703	176.55
总和	335.2292	11		

取 $\alpha = 0.01$，则 $F_{0.99}(1,10) = 10 < F = 176.55$，因此回归方程是显著的.

接下来计算回归方程，可列表计算（表 8-8）.

表 8-8

序号	$x/\%$	$y/10^7\mathrm{Pa}$	x^2	xy
1	0.10	42.0	0.01	4.2
2	0.11	43.0	0.0121	4.73
3	0.12	45.0	0.0144	5.4
4	0.13	45.0	0.0169	5.85
5	0.14	45.0	0.0196	6.3
6	0.15	47.5	0.0225	7.125
7	0.16	49.0	0.0256	7.84
8	0.17	53.0	0.0289	9.01
9	0.18	50.0	0.0324	9
10	0.2	55.0	0.04	11
11	0.21	55.0	0.0441	11.55
12	0.23	60.0	0.0529	13.8
合计	1.9	589.5	0.3194	95.805

于是可得

$$\overline{x} = 0.1583, \quad \overline{y} = 49.125, \quad l_{xx} = \sum_{i=1}^{n} x_i^2 - n\overline{x}^2 = 0.0186,$$

$$l_{xy} = \sum_{i=1}^{n} x_i y_i - n\overline{x}\,\overline{y} = 2.4872, \quad \hat{\beta}_1 = \frac{l_{xy}}{l_{xx}} = 133.72, \quad \hat{\beta}_0 = \overline{y} - \hat{\beta}_1 \overline{x} = 27.96,$$

由此给出回归方程为

$$\hat{y} = 27.96 + 133.72x.$$

如果 $x_0 = 0.16$，则得预测值为 $\hat{y}_0 = 49.3552$.

若取 $\alpha = 0.05$，则 $u_{0.975} = 1.96$，$s = \sqrt{\dfrac{17.9703}{12-2}} = 1.34$，从而 y_0 的置信度为 0.95 的预测区间为（$49.3552 - 1.96\ 1.34, 49.3552 + 1.96\ 1.34$），即（46.7252，51.9852）.

此预测区间为近似区间，由于 n 较小，与精确区间相差较大.

习　题　八

1. 从 3 个总体中各抽取容量不同的样本，得到观测数据如表 8-9 所示.

表 8-9

样本	样本 1	样本 2	样本 3
	158	153	169
	148	142	158
观测数据	161	156	180
	154	149	
	169		

试检验 3 个总体的均值之间是否有显著差异（$\alpha = 0.05$）？

2. 某家电制造公司准备购进一批 5 号电池，现有 A. B. C 三个电池生产企业愿意供货，为比较它们生产的电池质量，从每个企业各随机抽取 5 只电池，经试验得其寿命（单位：h）数据如表 8-10 所示.

表 8-10

试验号	企业 A	企业 B	企业 C
1	50	32	45
2	50	28	42
3	43	30	38
4	40	34	48
5	39	26	40

试分析三个企业生产的电池的平均寿命之间有无显著差异（$\alpha = 0.05$）？

3. 某企业准备用三种方法组装一种新的产品，为确定哪种方法每小时生产的产品数量最多，随机抽取了 30 名工人，并指定每个人使用其中的一种方法. 通过对每个工人生产的产品数进行方差分析得到的结果见表 8-11.

表 8-11

方差来源	平方和	自由度	平均平方和	F	临界值
组间			210		
误差	3836				3.3541
总和		29			

（1）完成上面的方差分析表；

（2）检验三种方法组装的产品数量之间是否有显著差异（$\alpha=0.05$）？

4. 线性回归直线 $\hat{y}=\hat{\beta}_0+\hat{\beta}_1 x$ 一定过点　　　　　　　　　（　　）

A. $(\bar{x},\bar{y})$　　　B. (x_1,y_1)　　　C. $\left(\sum x_i,\sum y_i\right)$　　　D. (l_{xx},l_{yy})

5. 下式中错误的是　　　　　　　　　　　　　　　　　　　（　　）

A. $l_{xx}=\sum\limits_{i=1}^{n}(x_i-\bar{x})^2$　　　　　　　B. $l_{yy}=\sum\limits_{i=1}^{n}(y_i^2-\bar{y})^2$

C. $l_{xy}=\sum\limits_{i=1}^{n}(x_i-\bar{x})(y_i-\bar{y})$　　　D. $l_{xy}=\sum\limits_{i=1}^{n}(x_i y_i-n\bar{x}\bar{y})$

6. 关于回归平方和 S_R，剩余平方和 S_e，下式错误的是　　　（　　）

A. $S_e=l_{yy}-\hat{\beta}_1 l_{xy}$　　　　　　B. $S_R=\hat{\beta}_1 l_{xy}$

C. $S_R+S_e=l_{yy}$　　　　　　　　D. $S_e=\hat{\beta}_1 l_{xy}$

7. 下列关于回归方程的写法正确的是　　　　　　　　　　　（　　）

A. $\hat{y}=\bar{y}+\dfrac{l_{xy}}{l_{xx}}(x-\bar{x})$　　　　　B. $\hat{y}=\bar{y}+\dfrac{l_{xy}}{l_{xx}}\bar{x}$

C. $\hat{y}=\bar{y}+\dfrac{l_{yy}}{l_{xx}}(x-\bar{x})$　　　　　D. $\hat{y}=\bar{x}+\dfrac{l_{xy}}{l_{xx}}(y-\bar{y})$

8. 某厂 5 年间工业增加值与劳动生产率的资料如表 8-12 所示.

表 8-12

工业增加值 y/万元	15	19	24	33	40
劳动生产率 x/(万元/人)	4.0	3.2	3.8	4.2	4.8

求工业增加值对劳动生产率的回归方程 $\hat{y}=\beta_0+\beta_1 x$？

9. 现收集了 16 组合金中的碳含量 x 及强度 y 的数据，经计算得

$\bar{x}=0.125, \bar{y}=45.7886, l_{xx}=0.3024, l_{xy}=25.5218, l_{yy}=2432.4566.$

（1）建立 y 关于 x 的一元线性回归方程 $\hat{y}=\beta_0+\beta_1 x$；

（2）对回归方程做显著性检验；

（3）在 $x=0.15$ 时，求对应的 y 的置信度为 0.95 的预测区间.

参 考 文 献

陈希孺. 1992. 概率论与数理统计. 合肥:中国科学技术大学出版社

韩旭里,等. 2006. 概率论与数理统计. 上海:复旦大学出版社

李伯德,等. 2010. 概率论与数理统计. 北京:科学出版社

李贤平,等. 2005. 概率论与数理统计. 上海:复旦大学出版社

李子奈,等. 2010. 计量经济学. 3 版. 北京:高等教育出版社

刘嘉焜,等. 2010. 应用概率统计. 2 版. 北京:科学出版社

龙永红. 2009. 概率论与数理统计. 3 版. 北京:高等教育出版社

茆诗松,等. 2003. 统计手册. 北京:科学出版社

茆诗松,等. 2004. 概率论与数理统计教程. 北京:高等教育出版社

茆诗松,等. 2005. 概率论与数理统计教程习题与解答. 北京:高等教育出版社

沈恒范. 2003. 概率论与数理统计教程. 北京:高等教育出版社

盛骤,等. 2008. 概率论与数理统计. 4 版. 北京:高等教育出版社

同济大学数学系. 2003. 概率统计简明教程. 北京:高等教育出版社

王松桂,等. 2006. 概率论与数理统计. 2 版. 北京:科学出版社

魏宗舒. 2008. 概率论与数理统计教程. 2 版. 北京:高等教育出版社

文平,等. 2010. 概率论与数理统计. 北京:科学出版社

谢兴武,等. 2008. 概率统计释难解疑. 北京:科学出版社

仇志余,等. 2006. 概率论与数理统计分级讲练教程. 北京:北京大学出版社

赵选民,等. 2001. 概率论与数理统计——典型题分析解集. 2 版. 西安:西北工业大学出版社

郑忠国,等. 2007. 概率论基础教程. 7 版. 北京:人民邮电出版社

附　录　A

A.1　泊松分布概率值表

$$p(X=k)=\frac{\lambda^k}{k!}e^{-\lambda}$$

k \ λ	0.1	0.2	0.3	0.4	0.5	0.6	0.7	0.8	0.9	1
0	0.904837	0.818731	0.740818	0.67032	0.606531	0.548812	0.496585	0.449329	0.40657	0.367879
1	0.090484	0.163746	0.222245	0.268128	0.303265	0.329287	0.347610	0.359463	0.365913	0.367879
2	0.004524	0.016375	0.033337	0.053626	0.075816	0.098786	0.121663	0.143785	0.164661	0.183940
3	0.000151	0.001092	0.003334	0.007150	0.012636	0.019757	0.028388	0.038343	0.049398	0.061313
4	0.000004	0.000055	0.000250	0.000715	0.001580	0.002964	0.004968	0.007669	0.011115	0.015328
5	0	0.000002	0.000015	0.000057	0.000158	0.000356	0.000696	0.001227	0.002001	0.003066
6	0	0	0.000001	0.000004	0.000013	0.000036	0.000081	0.000164	0.000300	0.000511
7	0	0	0	0	0.000001	0.000003	0.000008	0.000019	0.000039	0.000073
8	0	0	0	0	0	0	0.000001	0.000002	0.000004	0.000009
9	0	0	0	0	0	0	0	0	0	0.000001

k \ λ	1.5	2	2.5	3	3.5	4	4.5	5	5.5	6
0	0.22313	0.135335	0.082085	0.049787	0.030197	0.018316	0.011109	0.006738	0.004087	0.002479
1	0.334695	0.270671	0.205212	0.149361	0.105691	0.073263	0.049990	0.033690	0.022477	0.014873
2	0.251021	0.270671	0.256516	0.224042	0.184959	0.146525	0.112479	0.084224	0.061812	0.044618
3	0.125511	0.180447	0.213763	0.224042	0.215785	0.195367	0.168718	0.140374	0.113323	0.089235
4	0.047067	0.090224	0.133602	0.168031	0.188812	0.195367	0.189808	0.175467	0.155819	0.133853
5	0.014120	0.036089	0.066801	0.100819	0.132169	0.156293	0.170827	0.175467	0.171401	0.160623
6	0.003530	0.012030	0.027834	0.050409	0.077098	0.104196	0.12812	0.146223	0.157117	0.160623
7	0.000756	0.003437	0.009941	0.021604	0.038549	0.059540	0.082363	0.104445	0.123449	0.137677
8	0.000142	0.000859	0.003106	0.008102	0.016865	0.029770	0.046329	0.065278	0.084871	0.103258
9	0.000024	0.000191	0.000863	0.002701	0.006559	0.013231	0.023165	0.036266	0.051866	0.068838
10	0.000004	0.000038	0.000216	0.000810	0.002296	0.005292	0.010424	0.018133	0.028526	0.041303

续表

k \ λ	1.5	2	2.5	3	3.5	4	4.5	5	5.5	6
11	0	0.000007	0.000049	0.000221	0.00073	0.001925	0.004264	0.008242	0.014263	0.022529
12	0	0.000001	0.000010	0.000055	0.000213	0.000642	0.001599	0.003434	0.006537	0.011264
13	0	0	0.000002	0.000013	0.000057	0.000197	0.000554	0.001321	0.002766	0.005199
14	0	0	0	0.000003	0.000014	0.000056	0.000178	0.000472	0.001087	0.002228
15	0	0	0	0.000001	0.000003	0.000015	0.000053	0.000157	0.000398	0.000891
16	0	0	0	0	0.000001	0.000004	0.000015	0.000049	0.000137	0.000334
17	0	0	0	0	0	0.000001	0.000004	0.000014	0.000044	0.000118
18	0	0	0	0	0	0	0.000001	0.000004	0.000014	0.000039
19	0	0	0	0	0	0	0	0.000001	0.000004	0.000012
20	0	0	0	0	0	0	0	0	0.000001	0.000004
21	0	0	0	0	0	0	0	0	0	0.000001

k \ λ	6.5	7	7.5	8	8.5	9	9.5	10	20	30
0	0.001503	0.000912	0.000553	0.000335	0.000203	0.000123	0.000075	0.000045	0	0
1	0.009772	0.006383	0.004148	0.002684	0.001729	0.001111	0.000711	0.000454	0	0
2	0.031760	0.022341	0.015555	0.010735	0.00735	0.004998	0.003378	0.002270	0	0
3	0.068814	0.052129	0.038889	0.028626	0.020826	0.014994	0.010696	0.007567	0.000003	0
4	0.111822	0.091226	0.072916	0.057252	0.044255	0.033737	0.025403	0.018917	0.000014	0
5	0.145369	0.127717	0.109375	0.091604	0.075233	0.060727	0.048266	0.037833	0.000055	0
6	0.157483	0.149003	0.136718	0.122138	0.106581	0.091090	0.076421	0.063055	0.000183	0
7	0.146234	0.149003	0.146484	0.139587	0.129419	0.117116	0.103714	0.090079	0.000523	0
8	0.118815	0.130377	0.137329	0.139587	0.137508	0.131756	0.123160	0.112599	0.001309	0.000002
9	0.085811	0.101405	0.114440	0.124077	0.129869	0.131756	0.130003	0.125110	0.002908	0.000005
10	0.055777	0.070983	0.085830	0.099262	0.110388	0.118580	0.123502	0.125110	0.005816	0.000015
11	0.032959	0.045171	0.058521	0.072190	0.085300	0.097020	0.106661	0.113736	0.010575	0.000042
12	0.017853	0.026350	0.036575	0.048127	0.060421	0.072765	0.084440	0.094780	0.017625	0.000104
13	0.008926	0.014188	0.021101	0.029616	0.039506	0.050376	0.061706	0.072908	0.027116	0.000240
14	0.004144	0.007094	0.011304	0.016924	0.023986	0.032384	0.041872	0.052077	0.038737	0.000513
15	0.001796	0.003311	0.005652	0.009026	0.013592	0.019431	0.026519	0.034718	0.051649	0.001027
16	0.000730	0.001448	0.002649	0.004513	0.007221	0.010930	0.015746	0.021699	0.064561	0.001925
17	0.000279	0.000596	0.001169	0.002124	0.003610	0.005786	0.008799	0.012764	0.075954	0.003397

续表

k \ λ	6.5	7	7.5	8	8.5	9	9.5	10	20	30
18	0.000101	0.000232	0.000487	0.000944	0.001705	0.002893	0.004644	0.007091	0.084394	0.005662
19	0.000034	0.000085	0.000192	0.000397	0.000763	0.001370	0.002322	0.003732	0.088835	0.008941
20	0.000011	0.000030	0.000072	0.000159	0.000324	0.000617	0.001103	0.001866	0.088835	0.013411
21	0.000003	0.000010	0.000026	0.000061	0.000131	0.000264	0.000499	0.000889	0.084605	0.019159
22	0.000001	0.000003	0.000009	0.000022	0.000051	0.000108	0.000215	0.000404	0.076914	0.026126
23	0	0.000001	0.000003	0.000008	0.000019	0.000042	0.000089	0.000176	0.066881	0.034077
24	0	0	0.000001	0.000003	0.000007	0.000016	0.000035	0.000073	0.055735	0.042596
25	0	0	0	0.000001	0.000002	0.000006	0.000013	0.000029	0.044588	0.051115
26	0	0	0	0	0.000001	0.000002	0.000005	0.000011	0.034298	0.058979
27	0	0	0	0	0	0.000001	0.000002	0.000004	0.025406	0.065532
28	0	0	0	0	0	0	0.000001	0.000001	0.018147	0.070213
29	0	0	0	0	0	0	0	0.000001	0.012515	0.072635

k \ λ	20	30
30	0.008344	0.072635
31	0.005383	0.070291
32	0.003364	0.065898
33	0.002039	0.059908
34	0.001199	0.052860
35	0.000685	0.045308
36	0.000381	0.037757

k \ λ	20	30
37	0.000206	0.030614
38	0.000108	0.024169
39	0.000056	0.018591
40	0.000028	0.013943
41	0.000014	0.010203
42	0.000006	0.007288
43	0.000003	0.005084

k \ λ	20	30
44	0.000001	0.003467
45	0.000001	0.002311
46	0	0.001507
47	0	0.000962
48	0	0.000601
49	0	0.000368
50	0	0.000221

A.2　标准正态分布表

$$\Phi(x) = p(X \leqslant x) = \frac{1}{\sqrt{2\pi}} \int_{-\infty}^{x} e^{-t^2/2} dt$$

x	0.00	0.01	0.02	0.03	0.04	0.05	0.06	0.07	0.08	0.09
0.0	0.50000	0.50399	0.50798	0.51197	0.51595	0.51994	0.52392	0.5279	0.53188	0.53586
0.1	0.53983	0.54380	0.54776	0.55172	0.55567	0.55962	0.56356	0.56749	0.57142	0.57535
0.2	0.57926	0.58317	0.58706	0.59095	0.59483	0.59871	0.60257	0.60642	0.61026	0.61409

x	0.00	0.01	0.02	0.03	0.04	0.05	0.06	0.07	0.08	0.09
0.3	0.61791	0.62172	0.62552	0.62930	0.63307	0.63683	0.64058	0.64431	0.64803	0.65173
0.4	0.65542	0.65910	0.66276	0.66640	0.67003	0.67364	0.67724	0.68082	0.68439	0.68793
0.5	0.69146	0.69497	0.69847	0.70194	0.70540	0.70884	0.71226	0.71566	0.71904	0.72240
0.6	0.72575	0.72907	0.73237	0.73565	0.73891	0.74215	0.74537	0.74857	0.75175	0.75490
0.7	0.75804	0.76115	0.76424	0.76730	0.77035	0.77337	0.77637	0.77935	0.78230	0.78524
0.8	0.78814	0.79103	0.79389	0.79673	0.79955	0.80234	0.80511	0.80785	0.81057	0.81327
0.9	0.81594	0.81859	0.82121	0.82381	0.82639	0.82894	0.83147	0.83398	0.83646	0.83891
1.0	0.84134	0.84375	0.84614	0.84849	0.85083	0.85314	0.85543	0.85769	0.85993	0.86214
1.1	0.86433	0.86650	0.86864	0.87076	0.87286	0.87493	0.87698	0.87900	0.88100	0.88298
1.2	0.88493	0.88686	0.88877	0.89065	0.89251	0.89435	0.89617	0.89796	0.89973	0.90147
1.3	0.90320	0.90490	0.90658	0.90824	0.90988	0.91149	0.91309	0.91466	0.91621	0.91774
1.4	0.91924	0.92073	0.92220	0.92364	0.92507	0.92647	0.92785	0.92922	0.93056	0.93189
1.5	0.93319	0.93448	0.93574	0.93699	0.93822	0.93943	0.94062	0.94179	0.94295	0.94408
1.6	0.94520	0.94630	0.94738	0.94845	0.94950	0.95053	0.95154	0.95254	0.95352	0.95449
1.7	0.95543	0.95637	0.95728	0.95818	0.95907	0.95994	0.96080	0.96164	0.96246	0.96327
1.8	0.96407	0.96485	0.96562	0.96638	0.96712	0.96784	0.96856	0.96926	0.96995	0.97062
1.9	0.97128	0.97193	0.97257	0.97320	0.97381	0.97441	0.97500	0.97558	0.97615	0.97670
2.0	0.97725	0.97778	0.97831	0.97882	0.97932	0.97982	0.98030	0.98077	0.98124	0.98169
2.1	0.98214	0.98257	0.98300	0.98341	0.98382	0.98422	0.98461	0.98500	0.98537	0.98574
2.2	0.98610	0.98645	0.98679	0.98713	0.98745	0.98778	0.98809	0.98840	0.98870	0.98899
2.3	0.98928	0.98956	0.98983	0.99010	0.99036	0.99061	0.99086	0.99111	0.99134	0.99158
2.4	0.99180	0.99202	0.99224	0.99245	0.99266	0.99286	0.99305	0.99324	0.99343	0.99361
2.5	0.99379	0.99396	0.99413	0.99430	0.99446	0.99461	0.99477	0.99492	0.99506	0.99520
2.6	0.99534	0.99547	0.99560	0.99573	0.99585	0.99598	0.99609	0.99621	0.99632	0.99643
2.7	0.99653	0.99664	0.99674	0.99683	0.99693	0.99702	0.99711	0.99720	0.99728	0.99736
2.8	0.99744	0.99752	0.99760	0.99767	0.99774	0.99781	0.99788	0.99795	0.99801	0.99807
2.9	0.99813	0.99819	0.99825	0.99831	0.99836	0.99841	0.99846	0.99851	0.99856	0.99861
3.0	0.99865	0.99869	0.99874	0.99878	0.99882	0.99886	0.99889	0.99893	0.99896	0.99900
3.1	0.99903	0.99906	0.99910	0.99913	0.99916	0.99918	0.99921	0.99924	0.99926	0.99929
3.2	0.99931	0.99934	0.99936	0.99938	0.99940	0.99942	0.99944	0.99946	0.99948	0.99950
3.3	0.99952	0.99953	0.99955	0.99957	0.99958	0.99960	0.99961	0.99962	0.99964	0.99965
3.4	0.99966	0.99968	0.99969	0.99970	0.99971	0.99972	0.99973	0.99974	0.99975	0.99976

x	0.00	0.01	0.02	0.03	0.04	0.05	0.06	0.07	0.08	0.09
3.5	0.99977	0.99978	0.99978	0.99979	0.99980	0.99981	0.99981	0.99982	0.99983	0.99983
3.6	0.99984	0.99985	0.99985	0.99986	0.99986	0.99987	0.99987	0.99988	0.99988	0.99989
3.7	0.99989	0.99990	0.99990	0.99990	0.99991	0.99991	0.99992	0.99992	0.99992	0.99992
3.8	0.99993	0.99993	0.99993	0.99994	0.99994	0.99994	0.99994	0.99995	0.99995	0.99995
3.9	0.99995	0.99995	0.99996	0.99996	0.99996	0.99996	0.99996	0.99996	0.99997	0.99997

A.3　t 分布常用分位数表

$$p(t(n)\leqslant t_\alpha(n))=\alpha$$

n \ α	0.75	0.9	0.95	0.975	0.99	0.995
1	1.0000	3.0777	6.3138	12.7062	31.8205	63.6567
2	0.8165	1.8856	2.9200	4.3027	6.9646	9.9248
3	0.7649	1.6377	2.3534	3.1824	4.5407	5.8409
4	0.7407	1.5332	2.1318	2.7764	3.7469	4.6041
5	0.7267	1.4759	2.0150	2.5706	3.3649	4.0321
6	0.7176	1.4398	1.9432	2.4469	3.1427	3.7074
7	0.7111	1.4149	1.8946	2.3646	2.9980	3.4995
8	0.7064	1.3968	1.8595	2.3060	2.8965	3.3554
9	0.7027	1.3830	1.8331	2.2622	2.8214	3.2498
10	0.6998	1.3722	1.8125	2.2281	2.7638	3.1693
11	0.6974	1.3634	1.7959	2.2010	2.7181	3.1058
12	0.6955	1.3562	1.7823	2.1788	2.6810	3.0545
13	0.6938	1.3502	1.7709	2.1604	2.6503	3.0123
14	0.6924	1.3450	1.7613	2.1448	2.6245	2.9768
15	0.6912	1.3406	1.7531	2.1314	2.6025	2.9467
16	0.6901	1.3368	1.7459	2.1199	2.5835	2.9208
17	0.6892	1.3334	1.7396	2.1098	2.5669	2.8982
18	0.6884	1.3304	1.7341	2.1009	2.5524	2.8784
19	0.6876	1.3277	1.7291	2.0930	2.5395	2.8609
20	0.6870	1.3253	1.7247	2.0860	2.5280	2.8453

续表

α n	0.75	0.9	0.95	0.975	0.99	0.995
21	0.6864	1.3232	1.7207	2.0796	2.5176	2.8314
22	0.6858	1.3212	1.7171	2.0739	2.5083	2.8188
23	0.6853	1.3195	1.7139	2.0687	2.4999	2.8073
24	0.6848	1.3178	1.7109	2.0639	2.4922	2.7969
25	0.6844	1.3163	1.7081	2.0595	2.4851	2.7874
26	0.6840	1.3150	1.7056	2.0555	2.4786	2.7787
27	0.6837	1.3137	1.7033	2.0518	2.4727	2.7707
28	0.6834	1.3125	1.7011	2.0484	2.4671	2.7633
29	0.6830	1.3114	1.6991	2.0452	2.4620	2.7564
30	0.6828	1.3104	1.6973	2.0423	2.4573	2.7500
31	0.6825	1.3095	1.6955	2.0395	2.4528	2.7440
32	0.6822	1.3086	1.6939	2.0369	2.4487	2.7385
33	0.6820	1.3077	1.6924	2.0345	2.4448	2.7333
34	0.6818	1.3070	1.6909	2.0322	2.4411	2.7284
35	0.6816	1.3062	1.6896	2.0301	2.4377	2.7238
36	0.6814	1.3055	1.6883	2.0281	2.4345	2.7195
37	0.6812	1.3049	1.6871	2.0262	2.4314	2.7154
38	0.6810	1.3042	1.6860	2.0244	2.4286	2.7116
39	0.6808	1.3036	1.6849	2.0227	2.4258	2.7079
40	0.6807	1.3031	1.6839	2.0211	2.4233	2.7045
41	0.6805	1.3025	1.6829	2.0195	2.4208	2.7012
42	0.6804	1.3020	1.6820	2.0181	2.4185	2.6981
43	0.6802	1.3016	1.6811	2.0167	2.4163	2.6951
44	0.6801	1.3011	1.6802	2.0154	2.4141	2.6923
45	0.6800	1.3006	1.6794	2.0141	2.4121	2.6896

A.4 χ^2 分布常用分位数表

$$p(\chi^2(n) \leqslant \chi_\alpha^2(n)) = \alpha$$

n \ α	0.75	0.90	0.95	0.975	0.99	0.995
1	1.3233	2.7055	3.8415	5.0239	6.6349	7.8794
2	2.7726	4.6052	5.9915	7.3778	9.2103	10.5966
3	4.1083	6.2514	7.8147	9.3484	11.3449	12.8382
4	5.3853	7.7794	9.4877	11.1433	13.2767	14.8603
5	6.6257	9.2364	11.0705	12.8325	15.0863	16.7496
6	7.8408	10.6446	12.5916	14.4494	16.8119	18.5476
7	9.0371	12.017	14.0671	16.0128	18.4753	20.2777
8	10.2189	13.3616	15.5073	17.5345	20.0902	21.9550
9	11.3888	14.6837	16.9190	19.0228	21.6660	23.5894
10	12.5489	15.9872	18.3070	20.4832	23.2093	25.1882
11	13.7007	17.2750	19.6751	21.9200	24.7250	26.7568
12	14.8454	18.5493	21.0261	23.3367	26.2170	28.2995
13	15.9839	19.8119	22.3620	24.7356	27.6882	29.8195
14	17.1169	21.0641	23.6848	26.1189	29.1412	31.3193
15	18.2451	22.3071	24.9958	27.4884	30.5779	32.8013
16	19.3689	23.5418	26.2962	28.8454	31.9999	34.2672
17	20.4887	24.7690	27.5871	30.1910	33.4087	35.7185
18	21.6049	25.9894	28.8693	31.5264	34.8053	37.1565
19	22.7178	27.2036	30.1435	32.8523	36.1909	38.5823
20	23.8277	28.4120	31.4104	34.1696	37.5662	39.9968
21	24.9348	29.6151	32.6706	35.4789	38.9322	41.4011
22	26.0393	30.8133	33.9244	36.7807	40.2894	42.7957
23	27.1413	32.0069	35.1725	38.0756	41.6384	44.1813
24	28.2412	33.1962	36.4150	39.3641	42.9798	45.5585
25	29.3389	34.3816	37.6525	40.6465	44.3141	46.9279
26	30.4346	35.5632	38.8851	41.9232	45.6417	48.2899
27	31.5284	36.7412	40.1133	43.1945	46.9629	49.6449

续表

n \ α	0.75	0.90	0.95	0.975	0.99	0.995
28	32.6205	37.9159	41.3371	44.4608	48.2782	50.9934
29	33.7109	39.0875	42.5570	45.7223	49.5879	52.3356
30	34.7997	40.2560	43.7730	46.9792	50.8922	53.6720
31	35.8871	41.4217	44.9853	48.2319	52.1914	55.0027
32	36.973	42.5847	46.1943	49.4804	53.4858	56.3281
33	38.0575	43.7452	47.3999	50.7251	54.7755	57.6484
34	39.1408	44.9032	48.6024	51.966	56.0609	58.9639
35	40.2228	46.0588	49.8018	53.2033	57.3421	60.2748
36	41.3036	47.2122	50.9985	54.4373	58.6192	61.5812
37	42.3833	48.3634	52.1923	55.6680	59.8925	62.8833
38	43.4619	49.5126	53.3835	56.8955	61.1621	64.1814
39	44.5395	50.6598	54.5722	58.1201	62.4281	65.4756
40	45.616	51.8051	55.7585	59.3417	63.6907	66.7660
41	46.6916	52.9485	56.9424	60.5606	64.9501	68.0527
42	47.7663	54.0902	58.1240	61.7768	66.2062	69.336
43	48.8400	55.2302	59.3035	62.9904	67.4593	70.6159
44	49.9129	56.3685	60.4809	64.2015	68.7095	71.8926
45	50.9849	57.5053	61.6562	65.4102	69.9568	73.1661

n \ α	0.005	0.01	0.025	0.05	0.10	0.25
1	0.0000	0.0002	0.0010	0.0039	0.0158	0.1015
2	0.0100	0.0201	0.0506	0.1026	0.2107	0.5754
3	0.0717	0.1148	0.2158	0.3518	0.5844	1.2125
4	0.2070	0.2971	0.4844	0.7107	1.0636	1.9226
5	0.4117	0.5543	0.8312	1.1455	1.6103	2.6746
6	0.6757	0.8721	1.2373	1.6354	2.2041	3.4546
7	0.9893	1.2390	1.6899	2.1673	2.8331	4.2549
8	1.3444	1.6465	2.1797	2.7326	3.4895	5.0706
9	1.7349	2.0879	2.7004	3.3251	4.1682	5.8988
10	2.1559	2.5582	3.2470	3.9403	4.8652	6.7372
11	2.6032	3.0535	3.8157	4.5748	5.5778	7.5841

续表

n \ α	0.005	0.01	0.025	0.05	0.10	0.25
12	3.0738	3.5706	4.4038	5.2260	6.3038	8.4384
13	3.5650	4.1069	5.0088	5.8919	7.0415	9.2991
14	4.0747	4.6604	5.6287	6.5706	7.7895	10.1653
15	4.6009	5.2293	6.2621	7.2609	8.5468	11.0365
16	5.1422	5.8122	6.9077	7.9616	9.3122	11.9122
17	5.6972	6.4078	7.5642	8.6718	10.0852	12.7919
18	6.2648	7.0149	8.2307	9.3905	10.8649	13.6753
19	6.8440	7.6327	8.9065	10.117	11.6509	14.562
20	7.4338	8.2604	9.5908	10.8508	12.4426	15.4518
21	8.0337	8.8972	10.2829	11.5913	13.2396	16.3444
22	8.6427	9.5425	10.9823	12.338	14.0415	17.2396
23	9.2604	10.1957	11.6886	13.0905	14.848	18.1373
24	9.8862	10.8564	12.4012	13.8484	15.6587	19.0373
25	10.5197	11.5240	13.1197	14.6114	16.4734	19.9393
26	11.1602	12.1981	13.8439	15.3792	17.2919	20.8434
27	11.8076	12.8785	14.5734	16.1514	18.1139	21.7494
28	12.4613	13.5647	15.3079	16.9279	18.9392	22.6572
29	13.1211	14.2565	16.0471	17.7084	19.7677	23.5666
30	13.7867	14.9535	16.7908	18.4927	20.5992	24.4776
31	14.4578	15.6555	17.5387	19.2806	21.4336	25.3901
32	15.1340	16.3622	18.2908	20.0719	22.2706	26.3041
33	15.8153	17.0735	19.0467	20.8665	23.1102	27.2194
34	16.5013	17.7891	19.8063	21.6643	23.9523	28.1361
35	17.1918	18.5089	20.5694	22.4650	24.7967	29.0540
36	17.8867	19.2327	21.3359	23.2686	25.6433	29.9730
37	18.5858	19.9602	22.1056	24.0749	26.4921	30.8933
38	19.2889	20.6914	22.8785	24.8839	27.3430	31.8146
39	19.9959	21.4262	23.6543	25.6954	28.1958	32.7369
40	20.7065	22.1643	24.4330	26.5093	29.0505	33.6603
41	21.4208	22.9056	25.2145	27.3256	29.9071	34.5846
42	22.1385	23.6501	25.9987	28.1440	30.7654	35.5099
43	22.8595	24.3976	26.7854	28.9647	31.6255	36.4361
44	23.5837	25.1480	27.5746	29.7875	32.4871	37.3631
45	24.3110	25.9013	28.3662	30.6123	33.3504	38.2910

A.5　F 分布常用分位数表

$$p(F(n_1,n_2) \leqslant F_\alpha(n_1,n_2)) = \alpha$$

$\alpha=0.90$									

n_2 \ n_1	1	2	3	4	5	6	7	8	9	10
1	39.86	49.5	53.59	55.83	57.24	58.2	58.91	59.44	59.86	60.19
2	8.53	9.00	9.16	9.24	9.29	9.33	9.35	9.37	9.38	9.39
3	5.54	5.46	5.39	5.34	5.31	5.28	5.27	5.25	5.24	5.23
4	4.54	4.32	4.19	4.11	4.05	4.01	3.98	3.95	3.94	3.92
5	4.06	3.78	3.62	3.52	3.45	3.40	3.37	3.34	3.32	3.30
6	3.78	3.46	3.29	3.18	3.11	3.05	3.01	2.98	2.96	2.94
7	3.59	3.26	3.07	2.96	2.88	2.83	2.78	2.75	2.72	2.70
8	3.46	3.11	2.92	2.81	2.73	2.67	2.62	2.59	2.56	2.54
9	3.36	3.01	2.81	2.69	2.61	2.55	2.51	2.47	2.44	2.42
10	3.29	2.92	2.73	2.61	2.52	2.46	2.41	2.38	2.35	2.32
11	3.23	2.86	2.66	2.54	2.45	2.39	2.34	2.30	2.27	2.25
12	3.18	2.81	2.61	2.48	2.39	2.33	2.28	2.24	2.21	2.19
13	3.14	2.76	2.56	2.43	2.35	2.28	2.23	2.20	2.16	2.14
14	3.10	2.73	2.52	2.39	2.31	2.24	2.19	2.15	2.12	2.10
15	3.07	2.70	2.49	2.36	2.27	2.21	2.13	2.12	2.09	2.06
16	3.05	2.67	2.46	2.33	2.24	2.18	2.13	2.09	2.06	2.03
17	3.03	2.64	2.44	2.31	2.22	2.15	2.1	2.06	2.03	2.00
18	3.01	2.62	2.42	2.29	2.2	2.13	2.08	2.04	2.00	1.98
19	2.99	2.61	2.40	2.27	2.18	2.11	2.06	2.02	1.98	1.96
20	2.97	2.59	2.38	2.25	2.16	2.09	2.04	2.00	1.96	1.94
21	2.96	2.57	2.36	2.23	2.14	2.08	2.02	1.98	1.95	1.92
22	2.95	2.56	2.35	2.22	2.13	2.06	2.01	1.97	1.93	1.90
23	2.94	2.55	2.34	2.21	2.11	2.05	1.99	1.95	1.92	1.89
24	2.93	2.54	2.33	2.19	2.1	2.04	1.98	1.94	1.91	1.88
25	2.92	2.53	2.32	2.18	2.09	2.02	1.97	1.93	1.89	1.87
26	2.91	2.52	2.31	2.17	2.08	2.01	1.96	1.92	1.88	1.86

续表

n_2 \ n_1	1	2	3	4	5	6	7	8	9	10
					$\alpha=0.90$					
27	2.90	2.51	2.30	2.17	2.07	2.0	1.95	1.91	1.87	1.85
28	2.89	2.50	2.29	2.16	2.06	2.0	1.94	1.90	1.87	1.84
29	2.89	2.50	2.28	2.15	2.06	1.99	1.93	1.89	1.86	1.83
30	2.88	2.49	2.28	2.14	2.05	1.98	1.93	1.88	1.85	1.82
40	2.84	2.44	2.23	2.09	2.00	1.93	1.87	1.83	1.79	1.76
50	2.81	2.41	2.20	2.06	1.97	1.9	1.84	1.80	1.76	1.73
60	2.79	2.39	2.18	2.04	1.95	1.87	1.82	1.77	1.74	1.71
70	2.78	2.38	2.16	2.03	1.93	1.86	1.8	1.76	1.72	1.69
80	2.77	2.37	2.15	2.02	1.92	1.85	1.79	1.75	1.71	1.68
90	2.76	2.36	2.15	2.01	1.91	1.84	1.78	1.74	1.70	1.67
100	2.76	2.36	2.14	2.00	1.91	1.83	1.78	1.73	1.69	1.66
110	2.75	2.35	2.13	2.00	1.90	1.83	1.77	1.73	1.69	1.66
120	2.75	2.35	2.13	1.99	1.90	1.82	1.77	1.72	1.68	1.65
∞	2.71	2.30	2.08	1.94	1.85	1.77	1.72	1.67	1.63	1.60

n_2 \ n_1	12	15	20	25	30	40	60	90	120	∞
					$\alpha=0.90$					
1	60.71	61.22	61.74	62.05	62.26	62.53	62.79	62.97	63.06	63.33
2	9.41	9.42	9.44	9.45	9.46	9.47	9.47	9.48	9.48	9.49
3	5.22	5.20	5.18	5.17	5.17	5.16	5.15	5.15	5.14	5.13
4	3.90	3.87	3.84	3.83	3.82	3.80	3.79	3.78	3.78	3.76
5	3.27	3.24	3.21	3.19	3.17	3.16	3.14	3.13	3.12	3.10
6	2.90	2.87	2.84	2.81	2.80	2.78	2.76	2.75	2.74	2.72
7	2.67	2.63	2.59	2.57	2.56	2.54	2.51	2.5	2.49	2.47
8	2.50	2.46	2.42	2.40	2.38	2.36	2.34	2.32	2.32	2.29
9	2.38	2.34	2.30	2.27	2.25	2.23	2.21	2.19	2.18	2.16
10	2.28	2.24	2.20	2.17	2.16	2.13	2.11	2.09	2.08	2.06
11	2.21	2.17	2.12	2.10	2.08	2.05	2.03	2.01	2.00	1.97
12	2.15	2.10	2.06	2.03	2.01	1.99	1.96	1.94	1.93	1.90
13	2.10	2.05	2.01	1.98	1.96	1.93	1.90	1.89	1.88	1.85

					$\alpha=0.90$					
n_2 ＼ n_1	12	15	20	25	30	40	60	90	120	∞
14	2.05	2.01	1.96	1.93	1.91	1.89	1.86	1.84	1.83	1.8
15	2.02	1.97	1.92	1.89	1.87	1.85	1.82	1.80	1.79	1.76
16	1.99	1.94	1.89	1.86	1.84	1.81	1.78	1.76	1.75	1.72
17	1.96	1.91	1.86	1.83	1.81	1.78	1.75	1.73	1.72	1.69
18	1.93	1.89	1.84	1.80	1.78	1.75	1.72	1.70	1.69	1.66
19	1.91	1.86	1.81	1.78	1.76	1.73	1.70	1.68	1.67	1.63
20	1.89	1.84	1.79	1.76	1.74	1.71	1.68	1.65	1.64	1.61
21	1.87	1.83	1.78	1.74	1.72	1.69	1.66	1.63	1.62	1.59
22	1.86	1.81	1.76	1.73	1.70	1.67	1.64	1.62	1.60	1.57
23	1.84	1.80	1.74	1.71	1.69	1.66	1.62	1.60	1.59	1.55
24	1.83	1.78	1.73	1.70	1.67	1.64	1.61	1.58	1.57	1.53
25	1.82	1.77	1.72	1.68	1.66	1.63	1.59	1.57	1.56	1.52
26	1.81	1.76	1.71	1.67	1.65	1.61	1.58	1.56	1.54	1.50
27	1.80	1.75	1.70	1.66	1.64	1.60	1.57	1.54	1.53	1.49
28	1.79	1.74	1.69	1.65	1.63	1.59	1.56	1.53	1.52	1.48
29	1.78	1.73	1.68	1.64	1.62	1.58	1.55	1.52	1.51	1.47
30	1.77	1.72	1.67	1.63	1.61	1.57	1.54	1.51	1.50	1.46
40	1.71	1.66	1.61	1.57	1.54	1.51	1.47	1.44	1.42	1.38
50	1.68	1.63	1.57	1.53	1.50	1.46	1.42	1.39	1.38	1.33
60	1.66	1.60	1.54	1.50	1.48	1.44	1.40	1.36	1.35	1.29
70	1.64	1.59	1.53	1.49	1.46	1.42	1.37	1.34	1.32	1.27
80	1.63	1.57	1.51	1.47	1.44	1.40	1.36	1.33	1.31	1.24
90	1.62	1.56	1.50	1.46	1.43	1.39	1.35	1.31	1.29	1.23
100	1.61	1.56	1.49	1.45	1.42	1.38	1.34	1.30	1.28	1.21
110	1.61	1.55	1.49	1.45	1.42	1.37	1.33	1.29	1.27	1.20
120	1.60	1.55	1.48	1.44	1.41	1.37	1.32	1.28	1.26	1.19
∞	1.55	1.49	1.42	1.38	1.34	1.30	1.24	1.20	1.17	1.00

n_1 n_2	1	2	3	4	5	6	7	8	9	10
1	161.45	199.50	215.71	224.58	230.16	233.99	236.77	238.88	240.54	241.88
2	18.51	19.00	19.16	19.25	19.3	19.33	19.35	19.37	19.38	19.4
3	10.13	9.55	9.28	9.12	9.01	8.94	8.89	8.85	8.81	8.79
4	7.71	6.94	6.59	6.39	6.26	6.16	6.09	6.04	6.00	5.96
5	6.61	5.79	5.41	5.19	5.05	4.95	4.88	4.82	4.77	4.74
6	5.99	5.14	4.76	4.53	4.39	4.28	4.21	4.15	4.10	4.06
7	5.59	4.74	4.35	4.12	3.97	3.87	3.79	3.73	3.68	3.64
8	5.32	4.46	4.07	3.84	3.69	3.58	3.50	3.44	3.39	3.35
9	5.12	4.26	3.86	3.63	3.48	3.37	3.29	3.23	3.18	3.14
10	4.96	4.10	3.71	3.48	3.33	3.22	3.14	3.07	3.02	2.98
11	4.84	3.98	3.59	3.36	3.20	3.09	3.01	2.95	2.90	2.85
12	4.75	3.89	3.49	3.26	3.11	3.00	2.91	2.85	2.80	2.75
13	4.67	3.81	3.41	3.18	3.03	2.92	2.83	2.77	2.71	2.67
14	4.60	3.74	3.34	3.11	2.96	2.85	2.76	2.70	2.65	2.60
15	4.54	3.68	3.29	3.06	2.90	2.79	2.71	2.64	2.59	2.54
16	4.49	3.63	3.24	3.01	2.85	2.74	2.66	2.59	2.54	2.49
17	4.45	3.59	3.20	2.96	2.81	2.70	2.61	2.55	2.49	2.45
18	4.41	3.55	3.16	2.93	2.77	2.66	2.58	2.51	2.46	2.41
19	4.38	3.52	3.13	2.90	2.74	2.63	2.54	2.48	2.42	2.38
20	4.35	3.49	3.10	2.87	2.71	2.60	2.51	2.45	2.39	2.35
21	4.32	3.47	3.07	2.84	2.68	2.57	2.49	2.42	2.37	2.32
22	4.30	3.44	3.05	2.82	2.66	2.55	2.46	2.40	2.34	2.30
23	4.28	3.42	3.03	2.80	2.64	2.53	2.44	2.37	2.32	2.27
24	4.26	3.40	3.01	2.78	2.62	2.51	2.42	2.36	2.30	2.25
25	4.24	3.39	2.99	2.76	2.60	2.49	2.40	2.34	2.28	2.24
26	4.23	3.37	2.98	2.74	2.59	2.47	2.39	2.32	2.27	2.22
27	4.21	3.35	2.96	2.73	2.57	2.46	2.37	2.31	2.25	2.20
28	4.2	3.34	2.95	2.71	2.56	2.45	2.36	2.29	2.24	2.19
29	4.18	3.33	2.93	2.70	2.55	2.43	2.35	2.28	2.22	2.18
30	4.17	3.32	2.92	2.69	2.53	2.42	2.33	2.27	2.21	2.16
40	4.08	3.23	2.84	2.61	2.45	2.34	2.25	2.18	2.12	2.08

$\alpha = 0.95$

续表

$\alpha=0.95$

n_2＼n_1	1	2	3	4	5	6	7	8	9	10
50	4.03	3.18	2.79	2.56	2.40	2.29	2.20	2.13	2.07	2.03
60	4.00	3.15	2.76	2.53	2.37	2.25	2.17	2.10	2.04	1.99
70	3.98	3.13	2.74	2.50	2.35	2.23	2.14	2.07	2.02	1.97
80	3.96	3.11	2.72	2.49	2.33	2.21	2.13	2.06	2.00	1.95
90	3.95	3.10	2.71	2.47	2.32	2.20	2.11	2.04	1.99	1.94
100	3.94	3.09	2.70	2.46	2.31	2.19	2.10	2.03	1.97	1.93
110	3.93	3.08	2.69	2.45	2.30	2.18	2.09	2.02	1.97	1.92
120	3.92	3.07	2.68	2.45	2.29	2.18	2.09	2.02	1.96	1.91
∞	3.84	3.00	2.60	2.37	2.21	2.10	2.01	1.94	1.88	1.83

$\alpha=0.95$

n_2＼n_1	12	15	20	25	30	40	60	90	120	∞
1	243.91	245.95	248.01	249.26	250.10	251.14	252.20	252.90	253.25	254.25
2	19.41	19.43	19.45	19.46	19.46	19.47	19.48	19.48	19.49	19.50
3	8.74	8.70	8.66	8.63	8.62	8.59	8.57	8.56	8.55	8.53
4	5.91	5.86	5.80	5.77	5.75	5.72	5.69	5.67	5.66	5.63
5	4.68	4.62	4.56	4.52	4.50	4.46	4.43	4.41	4.40	4.37
6	4.00	3.94	3.87	3.83	3.81	3.77	3.74	3.72	3.70	3.67
7	3.57	3.51	3.44	3.40	3.38	3.34	3.30	3.28	3.27	3.23
8	3.28	3.22	3.15	3.11	3.08	3.04	3.01	2.98	2.97	2.93
9	3.07	3.01	2.94	2.89	2.86	2.83	2.79	2.76	2.75	2.71
10	2.91	2.85	2.77	2.73	2.70	2.66	2.62	2.59	2.58	2.54
11	2.79	2.72	2.65	2.60	2.57	2.53	2.49	2.46	2.45	2.40
12	2.69	2.62	2.54	2.50	2.47	2.43	2.38	2.36	2.34	2.30
13	2.60	2.53	2.46	2.41	2.38	2.34	2.30	2.27	2.25	2.21
14	2.53	2.46	2.39	2.34	2.31	2.27	2.22	2.19	2.18	2.13
15	2.48	2.40	2.33	2.28	2.25	2.20	2.16	2.13	2.11	2.07
16	2.42	2.35	2.28	2.23	2.19	2.15	2.11	2.07	2.06	2.01
17	2.38	2.31	2.23	2.18	2.15	2.10	2.06	2.03	2.01	1.96
18	2.34	2.27	2.19	2.14	2.11	2.06	2.02	1.98	1.97	1.92

$\alpha=0.95$

n_1 / n_2	12	15	20	25	30	40	60	90	120	∞
19	2.31	2.23	2.16	2.11	2.07	2.03	1.98	1.95	1.93	1.88
20	2.28	2.20	2.12	2.07	2.04	1.99	1.95	1.91	1.90	1.84
21	2.25	2.18	2.10	2.05	2.01	1.96	1.92	1.88	1.87	1.81
22	2.23	2.15	2.07	2.02	1.98	1.94	1.89	1.86	1.84	1.78
23	2.20	2.13	2.05	2.00	1.96	1.91	1.86	1.83	1.81	1.76
24	2.18	2.11	2.03	1.97	1.94	1.89	1.84	1.81	1.79	1.73
25	2.16	2.09	2.01	1.96	1.92	1.87	1.82	1.79	1.77	1.71
26	2.15	2.07	1.99	1.94	1.90	1.85	1.80	1.77	1.75	1.69
27	2.13	2.06	1.97	1.92	1.88	1.84	1.79	1.75	1.73	1.67
28	2.12	2.04	1.96	1.91	1.87	1.82	1.77	1.73	1.71	1.65
29	2.10	2.03	1.94	1.89	1.85	1.81	1.75	1.72	1.70	1.64
30	2.09	2.01	1.93	1.88	1.84	1.79	1.74	1.70	1.68	1.62
40	2.00	1.92	1.84	1.78	1.74	1.69	1.64	1.60	1.58	1.51
50	1.95	1.87	1.78	1.73	1.69	1.63	1.58	1.53	1.51	1.44
60	1.92	1.84	1.75	1.69	1.65	1.59	1.53	1.49	1.47	1.39
70	1.89	1.81	1.72	1.66	1.62	1.57	1.50	1.46	1.44	1.35
80	1.88	1.79	1.70	1.64	1.6	1.54	1.48	1.44	1.41	1.32
90	1.86	1.78	1.69	1.63	1.59	1.53	1.46	1.42	1.39	1.30
100	1.85	1.77	1.68	1.62	1.57	1.52	1.45	1.40	1.38	1.28
110	1.84	1.76	1.67	1.61	1.56	1.50	1.44	1.39	1.36	1.27
120	1.83	1.75	1.66	1.60	1.55	1.50	1.43	1.38	1.35	1.25
∞	1.75	1.67	1.57	1.51	1.46	1.39	1.32	1.26	1.22	1.00

$\alpha=0.975$

n_1 / n_2	1	2	3	4	5	6	7	8	9	10
1	647.79	799.5	864.16	899.58	921.85	937.11	948.22	956.66	963.28	968.63
2	38.51	39.00	39.17	39.25	39.3	39.33	39.36	39.37	39.39	39.40
3	17.44	16.04	15.44	15.10	14.88	14.73	14.62	14.54	14.47	14.42
4	12.22	10.65	9.98	9.60	9.36	9.20	9.07	8.98	8.90	8.84
5	10.01	8.43	7.76	7.39	7.15	6.98	6.85	6.76	6.68	6.62

$\alpha=0.975$									
n_1 / n_2	1	2	3	4	5	6	7	8	9	10
6	8.81	7.26	6.60	6.23	5.99	5.82	5.70	5.60	5.52	5.46
7	8.07	6.54	5.89	5.52	5.29	5.12	4.99	4.90	4.82	4.76
8	7.57	6.06	5.42	5.05	4.82	4.65	4.53	4.43	4.36	4.30
9	7.21	5.71	5.08	4.72	4.48	4.32	4.20	4.10	4.03	3.96
10	6.94	5.46	4.83	4.47	4.24	4.07	3.95	3.85	3.78	3.72
11	6.72	5.26	4.63	4.28	4.04	3.88	3.76	3.66	3.59	3.53
12	6.55	5.10	4.47	4.12	3.89	3.73	3.61	3.51	3.44	3.37
13	6.41	4.97	4.35	4.00	3.77	3.60	3.48	3.39	3.31	3.25
14	6.30	4.86	4.24	3.89	3.66	3.50	3.38	3.29	3.21	3.15
15	6.20	4.77	4.15	3.80	3.58	3.41	3.29	3.20	3.12	3.06
16	6.12	4.69	4.08	3.73	3.50	3.34	3.22	3.12	3.05	2.99
17	6.04	4.62	4.01	3.66	3.44	3.28	3.16	3.06	2.98	2.92
18	5.98	4.56	3.95	3.61	3.38	3.22	3.10	3.01	2.93	2.87
19	5.92	4.51	3.90	3.56	3.33	3.17	3.05	2.96	2.88	2.82
20	5.87	4.46	3.86	3.51	3.29	3.13	3.01	2.91	2.84	2.77
21	5.83	4.42	3.82	3.48	3.25	3.09	2.97	2.87	2.80	2.73
22	5.79	4.38	3.78	3.44	3.22	3.05	2.93	2.84	2.76	2.7
23	5.75	4.35	3.75	3.41	3.18	3.02	2.9	2.81	2.73	2.67
24	5.72	4.32	3.72	3.38	3.15	2.99	2.87	2.78	2.70	2.64
25	5.69	4.29	3.69	3.35	3.13	2.97	2.85	2.75	2.68	2.61
26	5.66	4.27	3.67	3.33	3.10	2.94	2.82	2.73	2.65	2.59
27	5.63	4.24	3.65	3.31	3.08	2.92	2.80	2.71	2.63	2.57
28	5.61	4.22	3.63	3.29	3.06	2.90	2.78	2.69	2.61	2.55
29	5.59	4.20	3.61	3.27	3.04	2.88	2.76	2.67	2.59	2.53
30	5.57	4.18	3.59	3.25	3.03	2.87	2.75	2.65	2.57	2.51
40	5.42	4.05	3.46	3.13	2.90	2.74	2.62	2.53	2.45	2.39
50	5.34	3.97	3.39	3.05	2.83	2.67	2.55	2.46	2.38	2.32
60	5.29	3.93	3.34	3.01	2.79	2.63	2.51	2.41	2.33	2.27
70	5.25	3.89	3.31	2.97	2.75	2.59	2.47	2.38	2.30	2.24
80	5.22	3.86	3.28	2.95	2.73	2.57	2.45	2.35	2.28	2.21

续表

α=0.975									
n_1 / n_2	1	2	3	4	5	6	7	8	9	10
90	5.20	3.84	3.26	2.93	2.71	2.55	2.43	2.34	2.26	2.19
100	5.18	3.83	3.25	2.92	2.70	2.54	2.42	2.32	2.24	2.18
110	5.16	3.82	3.24	2.9	2.68	2.53	2.40	2.31	2.23	2.17
120	5.15	3.80	3.23	2.89	2.67	2.52	2.39	2.30	2.22	2.16
∞	5.02	3.69	3.12	2.79	2.57	2.41	2.29	2.19	2.11	2.05

α=0.975									
n_1 / n_2	12	15	20	25	30	40	60	90	120	∞
1	976.71	984.87	993.1	998.08	1001.4	1005.6	1009.8	1012.6	1014	1018
2	39.41	39.43	39.45	39.46	39.46	39.47	39.48	39.49	39.49	39.5
3	14.34	14.25	14.17	14.12	14.08	14.04	13.99	13.96	13.95	13.9
4	8.75	8.66	8.56	8.50	8.46	8.41	8.36	8.33	8.31	8.26
5	6.52	6.43	6.33	6.27	6.23	6.18	6.12	6.09	6.07	6.02
6	5.37	5.27	5.17	5.11	5.07	5.01	4.96	4.92	4.90	4.85
7	4.67	4.57	4.47	4.40	4.36	4.31	4.25	4.22	4.20	4.14
8	4.20	4.10	4.00	3.94	3.89	3.84	3.78	3.75	3.73	3.67
9	3.87	3.77	3.67	3.60	3.56	3.51	3.45	3.41	3.39	3.33
10	3.62	3.52	3.42	3.35	3.31	3.26	3.2	3.16	3.14	3.08
11	3.43	3.33	3.23	3.16	3.12	3.06	3.00	2.96	2.94	2.88
12	3.28	3.18	3.07	3.01	2.96	2.91	2.85	2.81	2.79	2.72
13	3.15	3.05	2.95	2.88	2.84	2.78	2.72	2.68	2.66	2.60
14	3.05	2.95	2.84	2.78	2.73	2.67	2.61	2.57	2.55	2.49
15	2.96	2.86	2.76	2.69	2.64	2.59	2.52	2.48	2.46	2.40
16	2.89	2.79	2.68	2.61	2.57	2.51	2.45	2.40	2.38	2.32
17	2.82	2.72	2.62	2.55	2.50	2.44	2.38	2.34	2.32	2.25
18	2.77	2.67	2.56	2.49	2.44	2.38	2.32	2.28	2.26	2.19
19	2.72	2.62	2.51	2.44	2.39	2.33	2.27	2.23	2.20	2.13
20	2.68	2.57	2.46	2.4	2.35	2.29	2.22	2.18	2.16	2.09
21	2.64	2.53	2.42	2.36	2.31	2.25	2.18	2.14	2.11	2.04
22	2.60	2.50	2.39	2.32	2.27	2.21	2.14	2.10	2.08	2.00

| $\alpha=0.975$ | | | | | | | | | |
n_1 \ n_2	12	15	20	25	30	40	60	90	120	∞
23	2.57	2.47	2.36	2.29	2.24	2.18	2.11	2.07	2.04	1.97
24	2.54	2.44	2.33	2.26	2.21	2.15	2.08	2.03	2.01	1.94
25	2.51	2.41	2.30	2.23	2.18	2.12	2.05	2.01	1.98	1.91
26	2.49	2.39	2.28	2.21	2.16	2.09	2.03	1.98	1.95	1.88
27	2.47	2.36	2.25	2.18	2.13	2.07	2.00	1.95	1.93	1.85
28	2.45	2.34	2.23	2.16	2.11	2.05	1.98	1.93	1.91	1.83
29	2.43	2.32	2.21	2.14	2.09	2.03	1.96	1.91	1.89	1.81
30	2.41	2.31	2.20	2.12	2.07	2.01	1.94	1.89	1.87	1.79
40	2.29	2.18	2.07	1.99	1.94	1.88	1.80	1.75	1.72	1.64
50	2.22	2.11	1.99	1.92	1.87	1.80	1.72	1.67	1.64	1.55
60	2.17	2.06	1.94	1.87	1.82	1.74	1.67	1.61	1.58	1.48
70	2.14	2.03	1.91	1.83	1.78	1.71	1.63	1.57	1.54	1.44
80	2.11	2.00	1.88	1.81	1.75	1.68	1.60	1.54	1.51	1.40
90	2.09	1.98	1.86	1.79	1.73	1.66	1.58	1.52	1.48	1.37
100	2.08	1.97	1.85	1.77	1.71	1.64	1.56	1.5	1.46	1.35
110	2.07	1.96	1.84	1.76	1.70	1.63	1.54	1.48	1.45	1.33
120	2.05	1.94	1.82	1.75	1.69	1.61	1.53	1.47	1.43	1.31
∞	1.94	1.83	1.71	1.63	1.57	1.48	1.39	1.31	1.27	1.00

| $\alpha=0.99$ | | | | | | | | | |
n_1 \ n_2	1	2	3	4	5	6	7	8	9	10
1	4052.18	4999.5	5403.4	5624.6	5763.7	5859	5928.4	5981.1	6022.5	6055.9
2	98.5	99	99.17	99.25	99.3	99.33	99.36	99.37	99.39	99.4
3	34.12	30.82	29.46	28.71	28.24	27.91	27.67	27.49	27.35	27.23
4	21.2	18	16.69	15.98	15.52	15.21	14.98	14.8	14.66	14.55
5	16.26	13.27	12.06	11.39	10.97	10.67	10.46	10.29	10.16	10.05
6	13.75	10.92	9.78	9.15	8.75	8.47	8.26	8.1	7.98	7.87
7	12.25	9.55	8.45	7.85	7.46	7.19	6.99	6.84	6.72	6.62
8	11.26	8.65	7.59	7.01	6.63	6.37	6.18	6.03	5.91	5.81
9	10.56	8.02	6.99	6.42	6.06	5.8	5.61	5.47	5.35	5.26

续表

					$\alpha=0.99$					
n_2 \ n_1	1	2	3	4	5	6	7	8	9	10
10	10.04	7.56	6.55	5.99	5.64	5.39	5.2	5.06	4.94	4.85
11	9.65	7.21	6.22	5.67	5.32	5.07	4.89	4.74	4.63	4.54
12	9.33	6.93	5.95	5.41	5.06	4.82	4.64	4.5	4.39	4.3
13	9.07	6.7	5.74	5.21	4.86	4.62	4.44	4.3	4.19	4.1
14	8.86	6.51	5.56	5.04	4.69	4.46	4.28	4.14	4.03	3.94
15	8.68	6.36	5.42	4.89	4.56	4.32	4.14	4	3.89	3.8
16	8.53	6.23	5.29	4.77	4.44	4.2	4.03	3.89	3.78	3.69
17	8.4	6.11	5.18	4.67	4.34	4.1	3.93	3.79	3.68	3.59
18	8.29	6.01	5.09	4.58	4.25	4.01	3.84	3.71	3.6	3.51
19	8.18	5.93	5.01	4.5	4.17	3.94	3.77	3.63	3.52	3.43
20	8.1	5.85	4.94	4.43	4.1	3.87	3.7	3.56	3.46	3.37
21	8.02	5.78	4.87	4.37	4.04	3.81	3.64	3.51	3.4	3.31
22	7.95	5.72	4.82	4.31	3.99	3.76	3.59	3.45	3.35	3.26
23	7.88	5.66	4.76	4.26	3.94	3.71	3.54	3.41	3.3	3.21
24	7.82	5.61	4.72	4.22	3.9	3.67	3.5	3.36	3.26	3.17
25	7.77	5.57	4.68	4.18	3.85	3.63	3.46	3.32	3.22	3.13
26	7.72	5.53	4.64	4.14	3.82	3.59	3.42	3.29	3.18	3.09
27	7.68	5.49	4.6	4.11	3.78	3.56	3.39	3.26	3.15	3.06
28	7.64	5.45	4.57	4.07	3.75	3.53	3.36	3.23	3.12	3.03
29	7.6	5.42	4.54	4.04	3.73	3.5	3.33	3.2	3.09	3
30	7.56	5.39	4.51	4.02	3.7	3.47	3.3	3.17	3.07	2.98
40	7.31	5.18	4.31	3.83	3.51	3.29	3.12	2.99	2.89	2.8
50	7.17	5.06	4.2	3.72	3.41	3.19	3.02	2.89	2.78	2.7
60	7.08	4.98	4.13	3.65	3.34	3.12	2.95	2.82	2.72	2.63
70	7.01	4.92	4.07	3.6	3.29	3.07	2.91	2.78	2.67	2.59
80	6.96	4.88	4.04	3.56	3.26	3.04	2.87	2.74	2.64	2.55
90	6.93	4.85	4.01	3.53	3.23	3.01	2.84	2.72	2.61	2.52
100	6.9	4.82	3.98	3.51	3.21	2.99	2.82	2.69	2.59	2.5
110	6.87	4.8	3.96	3.49	3.19	2.97	2.81	2.68	2.57	2.49
120	6.85	4.79	3.95	3.48	3.17	2.96	2.79	2.66	2.56	2.47
∞	2.27	4.31	3.58	3.16	2.89	2.69	2.63	2.50	2.40	2.31

n_1 / n_2	12	15	20	25	30	40	60	90	120	∞
1	6106.3	6157.3	6208.7	6239.8	6260.7	6286.8	6313	6330.6	6339.4	6364
2	99.42	99.43	99.45	99.46	99.47	99.47	99.48	99.49	99.49	99.50
3	27.05	26.87	26.69	26.58	26.5	26.41	26.32	26.25	26.22	26.13
4	14.37	14.2	14.02	13.91	13.84	13.75	13.65	13.59	13.56	13.47
5	9.89	9.72	9.55	9.45	9.38	9.29	9.2	9.14	9.11	9.03
6	7.72	7.56	7.4	7.3	7.23	7.14	7.06	7	6.97	6.89
7	6.47	6.31	6.16	6.06	5.99	5.91	5.82	5.77	5.74	5.65
8	5.67	5.52	5.36	5.26	5.2	5.12	5.03	4.97	4.95	4.86
9	5.11	4.96	4.81	4.71	4.65	4.57	4.48	4.43	4.40	3.32
10	4.71	4.56	4.41	4.31	4.25	4.17	4.08	4.03	4.00	3.91
11	4.4	4.25	4.1	4.01	3.94	3.86	3.78	3.72	3.69	3.60
12	4.16	4.01	3.86	3.76	3.7	3.62	3.54	3.48	3.45	3.37
13	3.96	3.82	3.66	3.57	3.51	3.43	3.34	3.28	3.25	3.17
14	3.8	3.66	3.51	3.41	3.35	3.27	3.18	3.12	3.09	3.00
15	3.67	3.52	3.37	3.28	3.21	3.13	3.05	2.99	2.96	2.87
16	3.55	3.41	3.26	3.16	3.1	3.02	2.93	2.87	2.84	2.75
17	3.46	3.31	3.16	3.07	3	2.92	2.83	2.78	2.75	2.65
18	3.37	3.23	3.08	2.98	2.92	2.84	2.75	2.69	2.66	2.57
19	3.3	3.15	3	2.91	2.84	2.76	2.67	2.61	2.58	2.49
20	3.23	3.09	2.94	2.84	2.78	2.69	2.61	2.55	2.52	2.42
21	3.17	3.03	2.88	2.79	2.72	2.64	2.55	2.49	2.46	2.36
22	3.12	2.98	2.83	2.73	2.67	2.58	2.5	2.43	2.4	2.31
23	3.07	2.93	2.78	2.69	2.62	2.54	2.45	2.39	2.35	2.26
24	3.03	2.89	2.74	2.64	2.58	2.49	2.4	2.34	2.31	2.21
25	2.99	2.85	2.7	2.6	2.54	2.45	2.36	2.3	2.27	2.17
26	2.96	2.81	2.66	2.57	2.5	2.42	2.33	2.26	2.23	2.13
27	2.93	2.78	2.63	2.54	2.47	2.38	2.29	2.23	2.2	2.10
28	2.9	2.75	2.6	2.51	2.44	2.35	2.26	2.2	2.17	2.06
29	2.87	2.73	2.57	2.48	2.41	2.33	2.23	2.17	2.14	2.03
30	2.84	2.7	2.55	2.45	2.39	2.3	2.21	2.14	2.11	2.01

$\alpha = 0.99$

续表

n_2＼n_1	12	15	20	25	30	40	60	90	120	∞
40	2.66	2.52	2.37	2.27	2.2	2.11	2.02	1.95	1.92	1.8
50	2.56	2.42	2.27	2.17	2.1	2.01	1.91	1.84	1.8	1.67
60	2.5	2.35	2.2	2.1	2.03	1.94	1.84	1.76	1.73	1.59
70	2.45	2.31	2.15	2.05	1.98	1.89	1.78	1.71	1.67	1.53
80	2.42	2.27	2.12	2.01	1.94	1.85	1.75	1.67	1.63	1.49
90	2.39	2.24	2.09	1.99	1.92	1.82	1.72	1.64	1.6	1.46
100	2.37	2.22	2.07	1.97	1.89	1.8	1.69	1.61	1.57	1.43
110	2.35	2.21	2.05	1.95	1.88	1.78	1.67	1.59	1.55	1.40
120	2.34	2.19	2.03	1.93	1.86	1.76	1.66	1.58	1.53	1.38
∞	2.18	2.03	1.87	1.77	1.69	1.59	1.47	1.38	1.32	1.00

$\alpha=0.99$

附　录　B

B. 1　Matlab 统计工具箱中的基本统计命令

B. 1. 1　数据的录入、保存和调用

例 B. 1. 1　上海市区社会商品零售总额和全民所有制职工工资总额的数据如表 B-1 所示.

表 B-1

年份	1978	1979	1980	1981	1982	1982	1984	1985	1986	1987
职工工资总额/亿元	23.8	27.6	31.6	32.4	33.7	34.9	43.2	52.8	63.8	73.4
商品零售总额/亿元	41.4	51.8	61.7	67.9	68.7	77.5	95.9	137.4	155.0	175.0

方法 1　(1) 年份数据以 1 为增量,用产生向量的方法输入. 命令格式:

x=a:h:b,t=78:87

(2) 分别以 x 和 y 代表变量职工工资总额和商品零售总额.

x=[23.8,27.6,31.6,32.4,33.7,34.9,43.2,52.8,63.8,73.4]

y=[41.4,51.8,61.7,67.9,68.7,77.5,95.9,137.4,155.0,175.0]

(3) 将变量 t、x、y 的数据保存在文件 data 中:save data t x y.

(4) 进行统计分析时,调用数据文件 data 中的数据: load data.

方法 2　(1) 输入矩阵:

data= [78,79,80,81,82,83,84,85,86,87,88;

　　　　23.8,27.6,31.6,32.4,33.7,34.9,43.2,52.8,63.8,73.4;

　　　　41.4,51.8,61.7,67.9,68.7,77.5,95.9,137.4,155.0,175.0]

(2) 将矩阵 data 的数据保存在文件 data1 中:save data1 data.

(3) 进行统计分析时,先用命令:

load data1

调用数据文件 data1 中的数据,再用以下命令分别将矩阵 data 的第一、二、三行的数据赋给变量 t、x、y:

t=data(1,:);x= data(2,:);y= data(3,:);

若要调用矩阵 data 的第 j 列的数据,可用命令:data(:,j)

B.1.2 基本统计量

对随机变量 x,计算其基本统计量的命令如下:

均值:mean(x) 　　　中位数:median(x) 　　　标准差:std(x)

方差:var(x) 　　　　偏度:skewness(x) 　　　峰度:kurtosis(x)

对例 B.1.1 中的职工工资总额 x,可计算上述基本统计量.

B.1.3 常见概率分布的函数

常见的几种分布的命令字符为

正态分布:norm 　　　指数分布:exp 　　　　泊松分布:poiss

β分布:beta 　　　　威布尔分布:weib 　　　χ^2分布:chi2

t 分布:t 　　　　　　F 分布:F

Matlab 工具箱对每一种分布都提供五类函数,其命令字符为

概率密度:pdf 　　　　概率分布:cdf 　　　　逆概率分布:inv

均值与方差:stat 　　　随机数生成:rnd

当需要一种分布的某一类函数时,将以上所列的分布命令字符与函数命令字符接起来,并输入自变量(可以是标量、数组或矩阵)和参数即可,如对均值为 mu、标准差为 sigma 的正态分布,举例如下:

(1) 密度函数:p=normpdf(x,mu,sigma) (当 mu=0,sigma=1 时可缺省)

例 B.1.2 画出正态分布 $N(0,1)$ 和 $N(0,2^2)$ 的概率密度函数图形.

在 Matlab 中输入以下命令:

```
x=-6:0.01:6;
y=normpdf(x); z=normpdf(x,0,2);
plot(x,y,x,z)
```

(2) 概率分布:P=normcdf(x,mu,sigma)

例 B.1.3 计算标准正态分布的概率 $P\{-1<X<1\}$.

命令为

```
P=normcdf(1)-normcdf(-1)
```

结果为

```
P=0.6827
```

(3) 逆概率分布:x=norminv(P,mu,sigma). 即求出 x,使得 $P\{X<x\}=P$. 此命令可用来求分位数.

例 B.1.4 取 $\alpha=0.05$,求 $u_{1-\alpha/2}$.

$u_{1-\alpha/2}$的含义是 $X \sim N(0,1)$,$p(X<u_{1-\alpha/2})=1-\dfrac{\alpha}{2}$. 当 $\alpha=0.05$ 时,

$$P = 0.975, \quad u_{0.975} = \mathrm{norminv}(0.975) = 1.96.$$

(4) 均值与方差:[m,v]=normstat(mu,sigma)

例 B.1.5　求正态分布 $N(3,5^2)$ 的均值与方差.

命令为

[m,v]=normstat(3,5)

结果为

m=3,v=25.

(5) 随机数生成:normrnd(mu,sigma,m,n).产生 $m \times n$ 阶的正态分布随机数矩阵.

例 B.1.6　命令为

M=normrnd([1 2 3;4 5 6],0.1,2,3)

结果为

M=0.9567　　2.0125　　2.8854

　　3.8334　　5.0288　　6.1191

此命令产生了 2×3 的正态分布随机数矩阵,各数分别服从 $N(1,0.1^2),N(2,2^2),N(3,3^2),N(4,0.1^2),N(5,2^2),N(6,3^2)$.

B.1.4　频数直方图的描绘

(1) 给出数组 data 的频数表的命令为:[N,X]= hist(data,k)

此命令将区间[min(data),max(data)]分为 k 个小区间(缺省为 10),返回数组 data 落在每一个小区间的频数 N 和每一个小区间的中点 X.

(2) 描绘数组 data 的频数直方图的命令为: hist(data,k)

B.1.5　参数估计

1. 正态总体的参数估计

设总体服从正态分布,则其点估计和区间估计可同时由以下命令获得:

[muhat,sigmahat,muci,sigmaci]=normfit(X,alpha)

此命令在显著性水平 alpha 下估计数据 X 的参数(alpha 缺省时设定为 0.05),返回值 muhat 是 X 的均值的点估计值,sigmahat 是标准差的点估计值,muci 是均值的区间估计,sigmaci 是标准差的区间估计.

2. 其他分布的参数估计

有两种处理办法:一是取容量充分大的样本($n > 50$),按中心极限定理,它近似地服从正态分布;二是使用 Matlab 工具箱中具有特定分布总体的估计命令:

(1) [muhat, muci]=expfit(X,alpha)——在显著性水平 alpha 下,求指

数分布的数据 X 的均值的点估计及其区间估计.

（2）［lambdahat, lambdaci］= poissfit(X, alpha)——在显著性水平 alpha 下, 求泊松分布的数据 X 的参数的点估计及其区间估计.

（3）［phat, pci］= weibfit(X, alpha)——在显著性水平 alpha 下, 求 Weibull 分布的数据 X 的参数的点估计及其区间估计.

B.1.6　假设检验

在总体服从正态分布的情况下, 可用以下命令进行假设检验.

1. 总体方差 sigma² 已知时, 总体均值的检验使用 z 检验

［h, sig, ci］= ztest(x, m, sigma, alpha, tail)

检验数据 x 的关于均值的某一假设是否成立, 其中 sigma 为已知方差, alpha 为显著性水平, 究竟检验什么假设取决于 tail 的取值: tail= 0, 检验假设 "x 的均值等于 m"; tail= 1, 检验假设 "x 的均值大于 m"; tail= - 1, 检验假设 "x 的均值小于 m"; tail 的缺省值为 0, alpha 的缺省值为 0.05.

返回值 h 为一个布尔值, $h=1$ 表示可以拒绝假设, $h=0$ 表示不可以拒绝假设, sig 为假设成立的概率, ci 为均值的 1- alpha 置信区间.

例 B.1.7　Matlab 统计工具箱中的数据文件 gas.mat. 中提供了美国 1993 年一月份和二月份的汽油平均价格（price1, price2 分别是一、二月份的油价, 单位为美分）, 它是容量为 20 的双样本. 假设一月份油价的标准偏差是一加仑四分币（σ=4）, 试检验一月份油价的均值是否等于 115.

解　作假设: $m=115$; 首先取出数据, 用以下命令: load　gas; 然后用以下命令检验: ［h, sig, ci］= ztest(price1, 115, 4); 返回: h= 0, sig= 0.8668, ci= [113.3970　116.9030].

检验结果: 布尔变量 h= 0, 表示不拒绝零假设. 说明提出的假设均值 115 是合理的; sig- 值为 0.8668, 远超过 0.5, 不能拒绝零假设; 95% 的置信区间为 [113.4, 116.9], 它完全包括 115, 且精度很高.

2. 总体方差 sigma² 未知时, 总体均值的检验使用 t 检验

［h, sig, ci］= ttest(x, m, alpha, tail)

检验数据 x 的关于均值的某一假设是否成立, 其中 alpha 为显著性水平, 究竟检验什么假设取决于 tail 的取值: tail= 0, 检验假设 "x 的均值等于 m"; tail= 1, 检验假设 "x 的均值大于 m"; tail = - 1, 检验假设 "x 的均值小于 m"; tail 的缺省值为 0, alpha 的缺省值为 0.05.

返回值 h 为一个布尔值, h= 1 表示可以拒绝假设, h= 0 表示不可以拒绝假设,sig 为假设成立的概率,ci 为均值的 1-alpha 置信区间.

例 B.1.8　试检验例 B.1.6 中二月份油价 price2 的均值是否等于 115.

解　作假设:m=115,price2 为二月份的油价,不知其方差,故用以下命令检验:

```
[h,sig,ci]=ttest( price2 ,115)
```
返回:h=1,sig =4.9517e- 004,ci=[116.8　120.2].

检验结果:(1) 布尔变量 $h=1$,表示拒绝零假设,说明提出的假设油价均值 115 是不合理的.

(2) 95%的置信区间为[116.8　120.2],它不包括 115,故不能接受假设.

(3) sig- 为 4.9517×10^{-4},远小于 0.5,不能接受零假设.

3. 两总体均值的假设检验使用 t 检验

```
[h,sig,ci] = ttest2(x,y,alpha,tail)
```

检验数据 x,y 的关于均值的某一假设是否成立,其中 alpha 为显著性水平,究竟检验什么假设取决于 tail 的取值:tail= 0,检验假设"x 的均值等于 y 的均值";tail= 1,检验假设"x 的均值大于 y 的均值";tail= - 1,检验假设"x 的均值小于 y 的均值";tail 的缺省值为 0,alpha 的缺省值为 0.05.

返回值 h 为一个布尔值,$h=1$ 表示可以拒绝假设,$h=0$ 表示不可以拒绝假设,sig 为假设成立的概率,ci 为与 x 与 y 均值差的 1- alpha 置信区间.

例 B.1.9　试检验例 B.1.7 中一月份油价 price1 与二月份的油价 price2 均值是否相同.

解　用以下命令检验:[h,sig,ci] = ttest2(price1,price2);

返回:h = 1,sig = 0.0083,ci = [- 5.8,- 0.9].

检验结果:布尔变量 $h=1$,表示拒绝零假设,说明提出的假设"油价均值相同"是不合理的;95%的置信区间为[-5.8,-0.9],说明一月份油价比二月份油价约低 1 至 6 分;sig 值为 0.0083,远小于 0.5,不能接受"油价均相同"假设.

4. 非参数检验:总体分布的检验

Matlab 工具箱提供了两个对总体分布进行检验的命令:

(1) h= normplot(x)　此命令显示数据矩阵 x 的正态概率图. 如果数据来自于正态分布,则图形显示出直线性形态. 而其他概率分布函数显示出曲线形态.

(2) h= weibplot(x)　此命令显示数据矩阵 x 的 Weibull 概率图. 如果数据来自于 Weibull 分布,则图形将显示出直线性形态. 而其他概率分布函数将显示出曲线形态.

例 B. 1. 10　　一道工序用自动化车床连续加工某种零件,由于刀具损坏等会出现故障. 故障是完全随机的,并假定生产任一零件时出现故障机会均相同. 工作人员是通过检查零件来确定工序是否出现故障的. 现积累有 100 次故障纪录,故障出现时该刀具完成的零件数如下:

459,	362,	624,	542,	509,	584,	433,	748,	815,	505,
612,	452,	434,	982,	640,	742,	565,	706,	593,	680,
926,	653,	164,	487,	734,	608,	428,	1153,	593,	844,
527,	552,	513,	781,	474,	388,	824,	538,	862,	659,
775,	859,	755,	49,	697,	515,	628,	954,	771,	609,
402,	960,	885,	610,	292,	837,	473,	677,	358,	638,
699,	634,	555,	570,	84,	416,	606,	1062,	484,	120,
447,	654,	564,	339,	280,	246,	687,	539,	790,	581,
621,	724,	531,	512,	577,	496,	468,	499,	544,	645,
764,	558,	378,	765,	666,	763,	217,	715,	310,	851.

试观察该刀具出现故障时完成的零件数属于哪种分布.

解　(1) 数据输入

(2) 作频数直方图 hist(x,10)

(3) 分布的正态性检验 normplot(x)

(4) 参数估计:[muhat,sigmahat,muci,sigmaci] = normfit(x)

估计出该刀具的均值为 594,方差 204,均值的 0.95 置信区间为[553.4962, 634.5038],方差的 0.95 置信区间为[179.2276,237.1329].

(5) 假设检验:已知刀具的寿命服从正态分布,现在方差未知的情况下,检验其均值 m 是否等于 594. 结果:h = 0,sig = 1,ci = [553.4962,634.5038].

检验结果:布尔变量 $h=0$,表示不拒绝零假设,说明提出的假设寿命均值 594 是合理的;95%的置信区间为[553.5,634.5],它完全包括 594,且精度很高;sig 为 1,远超过 0.5,不能拒绝零假设.

B. 2　Matlab 统计工具箱中的回归分析命令

B. 2. 1　多元线性回归

$$y = \beta_0 + \beta_1 x_1 + \cdots + \beta_p x_p$$

1. 确定回归系数的点估计值

命令:b= regress(Y,X)

其中

$$b=\begin{bmatrix}\hat{\beta}_0\\\hat{\beta}_1\\\vdots\\\hat{\beta}_p\end{bmatrix},\quad Y=\begin{bmatrix}Y_1\\Y_2\\\vdots\\Y_n\end{bmatrix},\quad X=\begin{bmatrix}1 & x_{11} & x_{12} & \cdots & x_{1p}\\1 & x_{21} & x_{22} & \cdots & x_{2p}\\\vdots & \vdots & \vdots & & \vdots\\1 & x_{n1} & x_{n2} & \cdots & x_{np}\end{bmatrix}.$$

对一元线性回归,取 $p=1$ 即可.

2. 求回归系数的点估计和区间估计、并检验回归模型

命令:[b,bint、r、rint、stats]= regress(Y,X、alpha)
其中,bint 为回归系数的区间估计;r 为残差;rint 为置信区间;alpha 为显著性水平(缺省时为 0.05);stats 为用于检验回归模型的统计量,有三个数值:相关系数 r^2、F 与 F 对应的概率 p,相关系数 r^2 越接近 1,说明回归方程越显著;$F>F_{1-\alpha}(k,n-k-1)$ 时拒绝 H_0,F 越大,说明回归方程越显著;与 F 对应的概率 $p<\alpha$ 时拒绝 H_0,回归模型成立.

3. 画出残差及其置信区间:rcoplot(r,rint)

例 B.2.1　测 16 名成年女子的身高与腿长所得数据如表 B-2 所示.

表 B-2

身高	143	145	146	147	149	150	153	154
腿长	88	85	88	91	92	93	93	95
身高	155	156	157	158	159	160	162	164
腿长	96	98	97	96	98	99	100	102

以身高 x 为横坐标,以腿长 y 为纵坐标将这些数据点 (x_i,y_i) 在平面直角坐标系上标出(图 B-1).

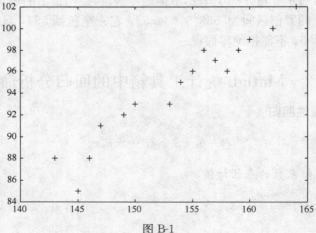

图 B-1

解 （1）输入数据：

```
x=[143 145 146 147 149 150 153 154 155 156 157 158 159 160 162 164]';
X=[ones(16,1) x];
Y=[88 85 88 91 92 93 93 95 96 98 97 96 98 99 100 102]';
```

（2）回归分析及检验：

```
[b,bint,r,rint,stats]=regress(Y,X)
        b,bint,stats
```

得结果：

```
b =                     bint =
  -16.0730                -33.7071    1.5612
   0.7194                   0.6047    0.8340
    stats =
            0.9282   180.9531     0.0000
```

即 $\hat{\beta}_0 = -16.073, \hat{\beta}_1 = 0.7194$；$\hat{\beta}_0$ 的置信区间为 $[-33.7017, 1.5612]$，$\hat{\beta}_1$ 的置信区间为 $[0.6047, 0.834]$；$r^2 = 0.9282$，$F = 180.9531$，$p = 0.0000$，$p < 0.05$，可知回归模型 $y = -16.073 + 0.7194x$ 成立.

（3）残差分析，作残差图：rcoplot(r,rint)

从残差图（图 B-2）可以看出，除第二个数据外，其余数据的残差离零点均较近，且残差的置信区间均包含零点，这说明回归模型 $y = -16.073 + 0.7194x$ 能较好地符合原始数据，而第二个数据可视为异常点.

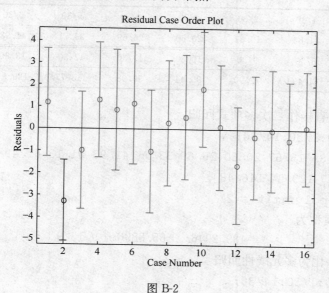

图 B-2

(4) 预测及作图：z= b(1)+ b(2)* x
        plot(x,Y,'k+',x,z,'r')

B. 2. 2 多项式回归

1. 一元多项式回归 $y = a_1 x^m + a_2 x^{m-1} + \cdots + a_m x + a_{m+1}$

1) 回归

(1) 确定多项式系数的命令

[p,S]=polyfit(x,y,m)

其中 $x = (x_1, x_2, \cdots, x_n)$，$y = (y_1, y_2, \cdots, y_n)$；$p = (a_1, a_2, \cdots, a_{m+1})$ 是多项式 $y = a_1 x^m + a_2 x^{m-1} + \cdots + a_m x + a_{m+1}$ 的系数；S 是一个矩阵，用来估计预测误差.

(2) 一元多项式回归命令:polytool(x,y,m)

2) 预测和预测误差估计

(1) Y=polyval(p,x)求 polyfit 所得的回归多项式在 x 处的预测值 Y；

(2) [Y,DELTA]= polyconf(p,x,S,alpha)求 polyfit 所得的回归多项式在 x 处的预测值 Y 及预测值的显著性为 1- alpha 的置信区间；alpha 缺省时为 0.5.

例 B. 2. 2 观测物体降落的距离 s 与时间 t 的关系，得到数据如表 B-3 所示，求 s 关于 t 的回归方程 $s = a + bt + ct^2$.

表 B-3

t/s	1/30	2/30	3/30	4/30	5/30	6/30	7/30
s/cm	11.86	15.67	20.60	26.69	33.71	41.93	51.13
t/s	8/30	9/30	10/30	11/30	12/30	13/30	14/30
s/cm	61.49	72.90	85.44	99.08	113.77	129.54	146.48

解法 1 直接作二次多项式回归：

t= 1/30:1/30:14/30;

s= [11.86 15.67 20.60 26.69 33.71 41.93 51.13 61.49 72.90 85.44 99.08 113.77 129.54 146.48];

[p,S]= polyfit(t,s,2)

得回归模型为

$$s = 489.2946t^2 + 65.8896t + 9.1329$$

解法 2 化为多元线性回归

t= 1/30:1/30:14/30;

s= [11.86 15.67 20.60 26.69 33.71 41.93 51.13 61.49 72.90 85.44

99. 08 113. 77 129. 54 146. 48];

　　T= [ones(14,1) t' (t.^2)'];

　　[b,bint,r,rint,stats]= regress(s',T); b,stats

得回归模型为

$$s = 9.1329 + 65.8896t + 489.2946t^2$$

预测及作图:Y= polyconf(p,t,S); plot(t,s,'k+ ',t,Y,'r') .

　　2. 多元二项式回归

　　命令:rstool(x,y,'model',alpha)

其中,x 为 $n \times m$ 矩阵;y 为 n 维列向量;alpha 为显著性水平(缺省时为 0.05).
model 由下列 4 个模型中选择 1 个(用字符串输入,缺省时为线性模型):

　　线性(hnear):$y = \beta_0 + \beta_1 x_1 + \cdots + \beta_m x_m$;

　　纯二次(purequadratic):$y = \beta_0 + \beta_1 x_1 + \cdots + \beta_m x_m + \sum_{j=1}^{n} \beta_{jj} x_j^2$;

　　交叉(interaction):$y = \beta_0 + \beta_1 x_1 + \cdots + \beta_m x_m + \sum_{1 \leqslant j \neq k \leqslant m} \beta_{jk} x_j x_k$;

　　完全二次(quadratic):$y = \beta_0 + \beta_1 x_1 + \cdots + \beta_m x_m + \sum_{1 \leqslant j, k \leqslant m} \beta_{jk} x_j x_k$.

　　例 B. 2. 3　设某商品的需求量与消费者的平均收入、商品价格的统计数据如
表 B-4 所示,建立回归模型,预测平均收入为 1000、价格为 6 时的商品需求量.

表 B-4

需求量	100	75	80	70	50	65	90	100	110	60
平均收入	1000	600	1200	500	300	400	1300	1100	1300	300
商品价格	5	7	6	6	8	7	5	4	3	9

选择纯二次模型,即 $y = \beta_0 + \beta_1 x_1 + \beta_2 x_2 + \beta_{11} x_1^2 + \beta_{22} x_2^2$.

　　解法 1　直接用多元二项式回归:

　　x1= [1000 600 1200 500 300 400 1300 1100 1300 300];x2= [5 7 6 6 8 7
5 4 3 9];

　　y= [100 75 80 70 50 65 90 100 110 60]';x= [x1' x2']; rstool(x,y,'
purequadratic')

　　在图 B-3 左边图形下方的方框中输入 1000,右边图形下方的方框中输入 6.则
画面左边的"Predicted Y"下方的数据变为 88.47981,即预测出平均收入为 1000、
价格为 6 时的商品需求量为 88.4791.

　　在图 B-3 左下方的下拉式菜单中选"all",则 beta、rmse 和 residuals 都传送到
Matlab 工作区中. 在 Matlab 工作区中输入命令:beta, rmse .

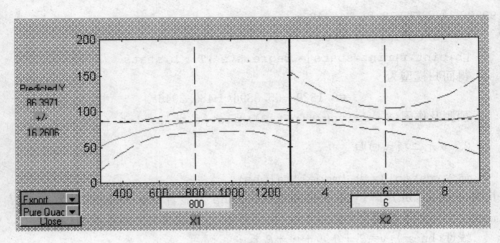

图 B-3

得结果：

beta=110.5313

　　　0.1464

　　　−26.5709

　　　−0.0001

　　　1.8475

rmse= 4.5362

故回归模型为：

$$y=110.5313+0.1464x_1-26.5709x_2-0.0001x_1^2+1.8475x_2^2,$$

剩余标准差为 4.5362，说明此回归模型的显著性较好.

解法 2　将 $y=\beta_0+\beta_1x_1+\beta_2x_2+\beta_{11}x_1^2+\beta_{22}x_2^2$ 化为多元线性回归：

X= [ones(10,1) x1' x2' (x1.^2)' (x2.^2)'];

[b,bint,r,rint,stats]= regress(y,X);

b,stats

结果为

b= 110.5313

　　0.1464

　− 26.5709

　− 0.0001

　　1.8475

stats= 0.9702　　40.6656　　　0.0005

B.2.3 非线性回归

1. 回归

(1) 确定回归系数的命令:

[beta,r,J]= nlinfit(x,y,'model',beta0)

beta 为估计出的回归系数;r 为残差;J 为 Jacobian 矩阵;输入数据 x、y 分别为 $n \times m$ 矩阵和 n 维列向量,对一元非线性回归,x 为 n 维列向量;beta0 为回归系数的初值;model 为事先用 M 文件定义的非线性函数.

(2) 非线性回归命令:nlintool(x,y,'model', beta0,alpha)

2. 预测和预测误差估计:[Y,DELTA]= nlpredci('model', x,beta,r,J)

求 nlinfit 或 nlintool 所得的回归函数在 x 处的预测值 Y 及预测值的显著性为 1- alpha 的置信区间.

例 B.2.4 出钢时所用的盛钢水的钢包,由于钢水对耐火材料的侵蚀,容积不断增大.希望知道使用次数与增大的容积之间的关系,对一钢包做试验,测得的数据列于表 B-5 所示.

表 B-5

使用次数	增大容积	使用次数	增大容积
2	6.42	10	10.49
3	8.20	11	10.59
4	9.58	12	10.60
5	9.50	13	10.80
6	9.70	14	10.60
7	10.00	15	10.90
8	9.93	16	10.76
9	9.99		

求解如下:

(1) 对将要拟合的非线性模型 $y = ae^{b/x}$,建立 M 文件 volum.m 如下:

```
function yhat= volum(beta,x)
yhat= beta(1)* exp(beta(2)./x);
```

(2) 输入数据:

```
x= 2:16;
y= [6.42 8.20 9.58 9.5 9.7 10 9.93 9.99 10.49 10.59 10.60 10.80
```

10.60 10.90 10.76];

　　beta0= [8 2]';

　　(3) 求回归系数:[beta,r ,J]= nlinfit(x',y','volum',beta0);beta
　　得结果:

　　beta= 11.6036

　　　　　 - 1.0641

　　即得回归模型为

$$y=11.6036e^{-\frac{1.10641}{x}}.$$

　　(4) 预测及作图:[YY,delta]= nlpredci('volum',x,beta,r ,J);plot
(x,y,'k+ ',x,YY,'r').

　　例 B.2.5 财政收入预测问题:财政收入与国民收入、工业总产值、农业总产值、总人口、就业人口、固定资产投资等因素有关。表 B-6 列出了 1952~1981 年的原始数据,试构造预测模型.

表 B-6

年份	国民收入/亿元	工业总产值/亿元	农业总产值/亿元	总人口/万人	就业人口/万人	固定资产投资/亿元	财政收入/亿元
1952	598	349	461	57482	20729	44	184
1953	586	455	475	58796	21364	89	216
1954	707	520	491	60266	21832	97	248
1955	737	558	529	61465	22328	98	254
1956	825	715	556	62828	23018	150	268
1957	837	798	575	64653	23711	139	286
1958	1028	1235	598	65994	26600	256	357
1959	1114	1681	509	67207	26173	338	444
1960	1079	1870	444	66207	25880	380	506
1961	757	1156	434	65859	25590	138	271
1962	677	964	461	67295	25110	66	230
1963	779	1046	514	69172	26640	85	266
1964	943	1250	584	70499	27736	129	323
1965	1152	1581	632	72538	28670	175	393
1966	1322	1911	687	74542	29805	212	466
1967	1249	1647	697	76368	30814	156	352
1968	1187	1565	680	78534	31915˙	127	303

续表

年份	国民收入/亿元	工业总产值/亿元	农业总产值/亿元	总人口/万人	就业人口/万人	固定资产投资/亿元	财政收入/亿元
1969	1372	2101	688	80671	33225	207	447
1970	1638	2747	767	82992	34432	312	564
1971	1780	3156	790	85229	35620	355	638
1972	1833	3365	789	87177	35854	354	658
1973	1978	3684	855	89211	36652	374	691
1974	1993	3696	891	90859	37369	393	655
1975	2121	4254	932	92421	38168	462	692
1976	2052	4309	955	93717	38834	443	657
1977	2189	4925	971	94974	39377	454	723
1978	2475	5590	1058	96259	39856	550	922
1979	2702	6065	1150	97542	40581	564	890
1980	2791	6592	1194	98705	41896	568	826
1981	2927	6862	1273	100072	73280	496	810

解 设国民收入、工业总产值、农业总产值、总人口、就业人口、固定资产投资分别为 $x_1, x_2, x_3, x_4, x_5, x_6$，财政收入为 y，设变量之间的关系为 $y = ax_1 + bx_2 + cx_3 + dx_4 + ex_5 + fx_6$。

使用非线性回归方法求解：

(1) 对回归模型建立 M 文件 model.m 如下：

```
function yy=model(beta0,X)
 a=beta0(1);
 b=beta0(2);
 c=beta0(3);
 d=beta0(4);
 e=beta0(5);
 f=beta0(6);
 x1=X(:,1);
 x2=X(:,2);
 x3=X(:,3);
 x4=X(:,4);
 x5=X(:,5);
 x6=X(:,6);
```

```
  yy=a*x1+b*x2+c*x3+d*x4+e*x5+f*x6;
```

(2) 主程序 liti5.m 如下:

```
X=[598.00   349.00   461.00 57482.00 20729.00   44.00
   ······························· ··
     2927.00 6862.00 1273.00 100072.0 43280.00   496.00];
y=[184.00 216.00 248.00 254.00 268.00 286.00 357.00 444.00 506.00 ···
   271.00 230.00 266.00 323.00 393.00 466.00 352.00 303.00 447.00 ···
   564.00 638.00 658.00 691.00 655.00 692.00 657.00 723.00 922.00 ···
   890.00 826.00 810.0]';
beta0=[0.50-0.03-0.60 0.01-0.02 0.35];
betafit=nlinfit(X,y,'model',beta0)
```

结果为:

```
  betafit =
    0.5243
   -0.0294
   -0.6304
    0.0112
   -0.0230
    0.3658
```

即

$$y=0.5243x_1-0.0294x_2-0.6304x_3+0.0112x_4-0.0230x_5+0.3658x_6.$$

B.3　使用 Excel 求解统计中的问题

在这里以教材的例子简单演示如何使用 Excel 2007 中的"数据分析"命令进行统计分析,"数据分析"命令在【数据】菜单中;而 Excel 2003 中该命令是在【工具】菜单中,如没有需加载宏.

B.3.1　统计描述

例 B.3.1　为研究某厂工人生产某种产品的能力,随机调查了 20 位工人某天生产的该种产品的数量,数据如下:

160, 196, 164, 148, 170, 175, 178, 166, 181, 162,

161, 168, 166, 162, 172, 156, 170, 157, 162, 154.

将数据存放在区域 A1:A20 中:①选中【数据】菜单;②选择"数据分析"命令;③在数据分析对话框中选择"描述统计"命令,然后单击"确定"按钮;④将光标移入输入区域中直接选择数据区域或者用键盘输入"＄A＄1：＄A＄20"(图 B-4)；⑤分组方式选择"逐列"；⑥将光标移入输出区域中选中任一空白单元格(保证右下方无数据)；⑦选择"汇总统计"；⑧单击"确定"按钮.

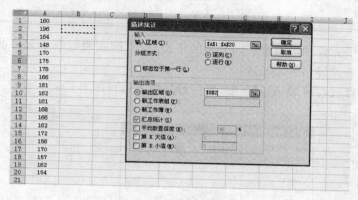

图 B-4

从结果得知(图 B-5)：这批数据的平均值为 166.4,方差为 114.17789,和为3328,共有 20 个数据,结果中的区域极为极差.

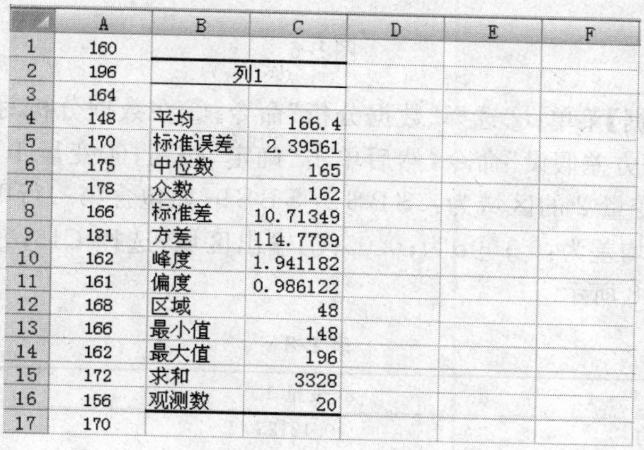

	A	B	C	D	E	F
1	160					
2	196		列1			
3	164					
4	148	平均	166.4			
5	170	标准误差	2.39561			
6	175	中位数	165			
7	178	众数	162			
8	166	标准差	10.71349			
9	181	方差	114.7789			
10	162	峰度	1.941182			
11	161	偏度	0.986122			
12	168	区域	48			
13	166	最小值	148			
14	162	最大值	196			
15	172	求和	3328			
16	156	观测数	20			
17	170					

图 B-5

B.3.2　假设检验

例 B.3.2　对两批同类电子元件的电阻进行测试,各抽取 8 件,测得结果如表B-7 所示.

表 B-7

批号	测试数据							
1	0.121	0.123	0.118	0.119	0.124	0.125	0.123	0.117
2	0.127	0.130	0.132	0.128	0.129	0.134	0.125	0.128

假设两批电子元件的电阻服从同方差的正态分布,问这两批电子元件的电阻的均值是否有显著差异($\alpha=0.05$)?

将数据存放在区域 A1:B9 中(第一行是标志值)(图 B-6):

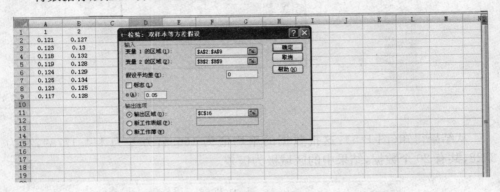

图 B-6

①选中【数据】菜单;②选择"数据分析"命令;③在数据分析对话框中选择"t-检验:双样本等方差假设"命令,然后单击"确定"按钮;④变量 1 的区域为:\$A\$2:\$A\$9;变量 2 的区域为:\$B\$2:\$B\$9,如包含第一行则要选中"标志"命令;⑤假设平均差为:0;⑥α为:0.05;⑦输出区域;选择 C16;⑧单击"确定"按钮. 结果如表 B-8 所示.

表 B-8

	变量 1	变量 2
平均	0.12125	0.129125
方差	8.786×10^{-6}	8.125×10^{-6}
观测值	8	8
合并方差	8.455×10^{-6}	
假设平均差	0	
df	14	
t	-5.416448	
$P(T \leqslant t)$ 单尾	4.544×10^{-5}	
t 单尾临界	1.7613101	
$P(T \leqslant t)$ 双尾	9.088×10^{-5}	
t 双尾临界	2.1447867	

从中知 $|T|=5.41>1.76$，所以，在显著性水平 $\alpha=0.05$ 下拒绝原假设 H_0，即认为两批电子元件电阻的均值具有显著性差异.

B.3.3 方差分析

例 B.3.3 为了对几个行业的服务质量进行评价，消费者协会在四个行业分别抽取了不同的 23 家企业作为样本. 最近一年中消费者对总共 23 家企业投诉的次数如表 B-9 所示.

表 B-9

投诉次数 行业 观测值	零售业	旅游业	航空公司	家电制造业
1	57	68	31	44
2	66	39	49	51
3	49	29	21	65
4	40	45	34	77
5	34	56	40	58
6	53	51		
7	44			

这是单因素方差分析图 B-7：①选中【数据】菜单；②选择"数据分析"命令；③在数据分析对话框中选择"方差分析：单因素方差分析"命令，然后单击"确定"按

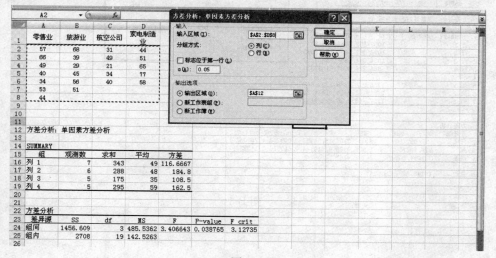

图 B-7

钮;④输入区域为:$A$2:$D$8,如包含第一行则要选中"标志"命令;⑤α为;0.05;⑥输出区域;选择 A12;⑦单击"确定"按钮.第二个表即为方差分析表!

例 B.3.4　有 4 个品牌的彩电在 5 个地区销售,为分析彩电的品牌(品牌因素)和销售地区(地区因素)对销售量是否有影响,对每种品牌在各地区的销售量取的数据见表 B-10.试分析品牌和销售地区对彩电的销售量是否有显著影响($\alpha = 0.05$)?

表 B-10

销售量　　地区 品牌	地区 1	地区 2	地区 3	地区 4	地区 5
品牌 1	365	350	343	340	323
品牌 2	345	368	363	330	333
品牌 3	358	323	353	343	308
品牌 4	288	280	298	260	298

这是无重复试验的双因素方差分析问题:在数据分析对话框中选择"方差分析:无重复双因素分析"命令,输入区域为$B$2:$D$5,不包含第一行、第一列。结果中第二个表即为方差分析表(图 B-8)!

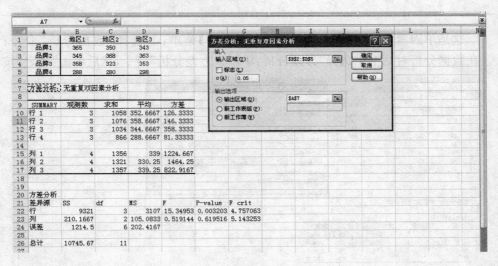

图 B-8

例 B. 3. 5 四个工人分别操作三台机器各两天,日产量如表 B-11 所示.

表 B-11

机器 工人	B_1	B_2	B_3
A_1	42,45	43,49	43,48
A_2	46,51	46,52	52,56
A_3	48,53	44,49	41,44
A_4	42,45	53,56	45,47

试检验工人、机器及交互作用对产品的产量是否有显著影响.

这是等重复试验的双因素方差分析问题:将数据如图 B-9 一样放置!!! 在数据分析对话框中选择"方差分析:等重复双因素分析"命令,输入区域为 $A$1:$ $D$9,特别注意要包含第一行、第一列,每一个样本的行数中输入 2. 结果中最后一个表即为方差分析表(表 B-12).

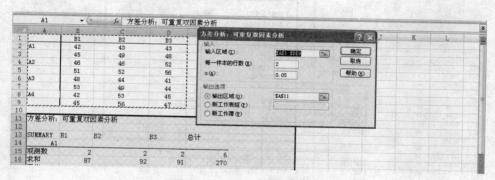

图 B-9

表 B-12

差异源	SS	df	MS	F	P	F
样本	99	3	33	3.47368421	0.050622	3.490295
列	28	2	14	1.47368421	0.267731	3.885294
交互	213	6	35.5	3.73684211	0.024808	2.99612
内部	114	12	9.5			
总计	454	23				

B. 3. 4 回归分析

例 B. 3. 6 合金的强度 y(单位:10^7Pa)与合金中碳的含量 x(单位:%)有关,

现收集到 12 组数据如表 B-13 所示.

表 B-13

序号	$x/\%$	$y/10^7\mathrm{Pa}$	序号	$x/\%$	$y/10^7\mathrm{Pa}$
1	0.10	42.0	7	0.16	49.0
2	0.11	43.0	8	0.17	53.0
3	0.12	45.0	9	0.18	50.0
4	0.13	45.0	10	0.20	55.0
5	0.14	45.0	11	0.21	55.0
6	0.15	47.5	12	0.23	60.0

这是一元回归问题:在数据分析对话框中选择"回归"命令,输入区域不含第一行(图 B-10).

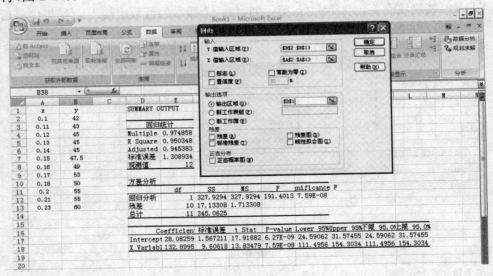

图 B-10

"回归"命令还可做多元回归和多项式回归分析.